넷제로
카운트다운

일러두기

법률과 조약명은 「 」, 보고서와 잡지, 신문명은 〈 〉, 단행본은 《 》으로 표기했다.

NET ZERO

넷제로
카운트다운

지구를 위한 골든타임, 탄소 중립 5년을 위한 준비

이진원·오현진 지음

초록비책공방

기후 위기, 탄소 중립은
규범이 아니라 당위다

2015년 12월, 유럽연합EU의 수도인 브뤼셀에서 한국대사관 참사관으로 근무하고 있을 당시 나는 파리에서 열리는 제21차 기후변화협약당사국총회COP21에서 다뤄질 의제들에 온 정신이 팔려 있었다.

제21차 기후변화협약당사국총회COP21는 2015년 11월 30일부터 12월 11일까지 프랑스 파리에서 열린 기후변화 국제회의다. 야심 차게 출발했지만 기대에 못 미친 결과를 보여준 「교토의정서」를 극복할 새로운 대안이 무엇보다도 필요한 시점에 열리는 회의였기 때문에 이 총회에 거는 국제사회의 기대와 희망은 그 어느 때보다 강력했다. 인류가 등장한 이래로 최대의 위기를 맞고 있는 기후 문제를 해결하기 위해 세계 150여 개국의 수장들과 정부 관료, 국제 인사들이 모인 자리에서 나 또한 묘한 긴장과 감정의 고양을 느꼈고 그 여운이 지금의 책을 쓴 계기가 되었다.

　어려운 난관과 진통 끝에 제21차 기후변화협약당사국총회COP21
는 선진국뿐만 아니라 우리나라를 포함한 중진국 및 개발도상국가
도 감축 의무를 부과하는 새로운 협정을 체결하며 의미 있는 결과를
도출해냈다. 바야흐로 '파리협정의 시대'가 열린 것이다.

　'산업화 이후 인간의 경제적 탐욕을 중심으로 움직이던 전 세계
가 드디어 지구를 구하기 위한 공통된 인식과 목표를 공유했다'라는
역사적 감동을 뒤로하고 나는 「파리협정」이 우리나라에 미칠 영향에
대해 생각하지 않을 수 없었다. 온실가스를 줄이기 위한 정책과 규제
들이 한국 경제와 수출에 미칠 영향을 잘 알았고 「파리협정」으로 한
국 경제가 지금까지 경험해보지 못한 커다란 파고를 겪으리라는 것
도 누구보다 잘 이해했다. 위기이면서 동시에 기회가 될 수 있으리라
는 개인적인 사명감도 들었다.

　하지만 한국으로 돌아온 후 바뀐 업무 환경에 적응하랴, 시급한
업무 처리하랴 매일 분투하는 사이 「파리협정」에 대한 우려와 기대
는 마음속에서 점점 희미해졌다. 더구나 2017년 미국이 45대 트럼
프 대통령 취임 후 「파리협정」 탈퇴를 공식화함에 따라 「파리협정」

이「교토의정서」의 전철을 밟을 수도 있는 상황에서 굳이 내가 나서지 않더라도 먼 미래의 누군가가 대책을 마련하리라는 안일한 생각마저 들었다.

그러던 중 2020년 11월 기후정책으로 청년 세대의 큰 호응을 얻은 미국의 민주당 바이든 후보자가 대통령으로 당선되면서 미국이 다시「파리협정」으로 복귀하자 마침내 온실가스 감축을 위한 국제적 노력에도 확실한 동력이 생기기 시작했다. 더욱이「파리협정」을 비준한 국가들이 하나둘씩 2050년까지 탄소 중립을 달성하겠다고 국가적 비전을 공식 발표한 데 이어 세계 10위 경제대국인 우리나라도 그러한 세계적 흐름에 동참하여 2020년 10월에 2050년 탄소 중립을 공식화했다. 부지불식간에 급속도로 진전된 세계적인 변화의 추세 속에서 나는 우리나라의 2050년 탄소 중립을 뒷받침하기 위한 정부 내 조직 구성과 관련 업무를 담당하게 되었다.

예전처럼 지적 호기심에「파리협정」을 공부한다든지 논문 작성을 위해 이론적 접근을 하는 것과 달리 경제·사회·문화 전반에 영향을 미칠 정책을 설계한다는 것은 탄소 중립에 대한 기본적인 지식뿐만 아니라 현실적인 실현 가능성과 앞으로 부딪칠 난관 등 복잡한 변수를 종합적으로 고민해야 하는 쉽지 않은 일이었다.

    탄소 중립에 대한 정의에서부터 온실가스의 종류와 그 위해성, 선진국과 개발국의 책임 소재 및 온실가스 감축을 위한 과학기술 등 꼼꼼하게 챙기고 정확하게 알아야 할 것이 한두 가지가 아니었다. 기본적인 화학 지식을 다시 공부하고 각종 논문과 보고서를 꼼꼼히 파악하며, 탄소 중립과 기후 위기에 관련된 저서를 폭넓게 읽다 보니 나중에는 인류가 걸어온 역사적 발자취를 넘어 지구의 연대기적 흐름 속에 기후 위기로 인한 멸망과 성장까지도 파고들게 되었다.

    하지만 개인적으로 가장 아쉬웠던 점은 국제적 이슈로 떠오른 '탄소 중립'과 기후 위기 문제에 대해 읽기 쉽게 체계적으로 정리해놓은 책이 많지 않다는 것이었다. 탄소 중립이라는 단어가 앞으로도 계속 대중들에게 생소한 전문 용어로 인식되거나 기후 위기 문제가 당장 나와는 관계 없는 일이라는 안일함으로 똘똘 뭉쳐 있다면, 또 미국과 유럽의 탄소 중립 규제와 기후 위기를 앞세운 새로운 무역 장벽에 대해 무관심하고 세계적 투자회사들이 전망하는 미래의 투자처와 앞으로 우리의 새로운 먹거리와 관심을 가져야 할 분야가 어딘지 모른다면 과연 우리는 기후 재난의 직격탄을 맞을 우리 아이들에게 무엇을 물려줄 수 있을까.

나는 우리 사회의 허리인 직장인을 비롯해 대학생과 중고등학생까지 탄소 중립과 관련된 과학적인 사실과 역사적인 흔적 등을 보다 쉽게 접할 수 있다면 막연하기만 했던 탄소 중립에 대한 공감대를 형성해 지금의 난관과 갈등을 극복하고 기후테크를 통해 새로운 경제 생태계를 만들 수 있을 것이라 확신했다. 책은 나의 이러한 염원을 가득 담아 쓰였다.

'1부. 암울한 상상'에서는 지금처럼 탄소를 배출할 경우 우리가 맞이하게 될 우울한 미래상을 그려보았다.

'2부. 지구온난화의 범인 찾기'에서는 온실가스와 탄소 중립에 대한 개념을 바탕으로 산업혁명 이후 서구 사회가 엄청난 양의 이산화탄소를 배출하며 얼마나 많은 경제발전의 이익을 누려왔는지 경제성장과 온실가스 배출량 간의 함수관계를 살펴보고, 이에 대한 대응책으로 국제사회들이 탄소 중립을 달성하기 위해 어떤 노력들을 기울여왔는지를 살펴본다.

'3부. 탄소 중립을 위한 온실가스 줄이기'에서는 현재 한국의 탄소 배출 현황을 살피고 2030 온실가스 감축 목표NDC를 달성하기 위해 각 산업 분야별로 어떤 노력들을 하고 있는지 알아본다.

마지막 '4부. 대멸종의 기억, 자연은 타협하지 않는다'에서는 지구에 불어닥친 다섯 번의 대멸종과 기후변화의 관계를 고찰하고 인류의 역사에서 기후변화로 일어났던 사건을 통해 기후위기는 막연한 두려움이 아니라 발등에 떨어진 불이라는 점을 명확히 한다.

정확한 설명을 위해 여러 연구논문들과 도표를 참조했다. 탄소 중립을 위한 길은 사회, 경제, 문화, 법, 제도, 정치, 국제관계, 환경 등 삶의 모든 면에서 변화와 적응이 필요한 무겁고 힘겨운 과정이다. 이 책을 읽는 독자들이 탄소 중립이 우리에게 얼마나 중요하며 이를 위한 생활 방식의 변화가 얼마나 절실한지 공감하길 소망해본다.

차 례

1부 암울한 상상

2100년, 사라진 대한민국

세계지도 어디에도 서울이라는 도시는 더 이상 존재하지 않는다. 서해안의 국제도시 인천, 세계에서 가장 큰 반도체 공장으로 화제를 모았던 평택, 전기차와 자율주행의 메카인 화성 역시 사라졌다. 수도권 도시뿐 아니라 대한민국의 행정수도였던 세종시도 마찬가지다. 이 도시들은 이제 바닷속에서 그 흔적을 찾아야 한다. 내륙에 위치해 해수면이 상승하더라도 비교적 안전하다고 여겨졌던 세종시가 물에 잠겨버렸으니 강 주변의 주요 거점 도시들은 말할 것도 없다. 대구, 부산, 창원, 광주 모두 바닷물이 역류되어 물속으로 사라지거나 섬이 되어버렸다.

이런 변화는 대한민국에만 그치지 않았다. 상하이를 비롯한 중국의 동쪽 해안지역 경제 산업 도시들도 물에 잠겼으며 그 여파로 경제 시스템 역시 붕괴한 지 오래다. 남한과 북한의 경계도 오래전에 사라졌다. 민족의 숙원이었던 통일의 순간은 감동보다 황당함과 혼란 그 자체였다. 기후재난이 초래한 멸종을 모면하기 위해 순식간에 이루어진 통일이었기 때문이다. 생존의 위기 앞에서 사회적 이념은 순식간에 힘을 잃었고, 통일의 결과는 사회적 통합이 아닌 붕괴에 가까웠다.

    기후변화로 한반도 대부분에서 사막화가 진행되자 국민 대다수는 가뭄, 기아, 열대병을 피해 삶의 터전을 버리고 북쪽으로 향했다. 한반도를 떠나지 않고 남은 사람들은 고지대에서 살며 해마다 불규칙하게 발생하는 해일 피해를 간신히 피하고 있었다. 타오르는 태양으로 건기가 지나치게 길어지면서 옛 남한 지역은 농사를 거의 지을 수 없는 불모지가 되었다. 먹을 것을 찾아 헤매는 이들의 생활은 마치 수천 년 전 유목 생활을 떠올리게 한다. 옛 북한 지역의 고원지대에서 그나마 농사가 가능해 사람들이 마을을 이루어 살고 있지만 이런 지역은 극히 일부에 지나지 않는다. 남한에서 이주해온 사람들도 다시 시베리아 지역까지 이동해야만 했다. 새로운 터전에 정착한 이들은 어쩌면 운이 좋은, 기후난민이 됐다. 지금의 대한민국은 저위도나 중위도에 위치한 다른 나라들과 마찬가지로 이름만 남은 국가에 불과하다. 국제기구의 지원 없이 누구도 기아 문제를 피해갈 수 없다. 러시아, 캐나다, 북유럽 등 고위도에 위치한 나라들이 베풀어주는 지원에 생존 여부가 결정되는 상황이다.

    지정학적 위치가 국가 경쟁력의 최우선 조건이 된 지 오래다. 농사를 지으며 거주하기에 좋은 지역, 다시 말해 국가 경쟁력이 가장 높은 곳은 남극과 북극해에 접한 나라들뿐이다. 머지않아 이 지역은 인류가 생존하는 유일한 지역이 되어 인류는 간신히 종족을 유지하며 살아가게 될 것이다. 2100년 세계는 왜 이렇게 된 것일까? 한반도는 왜 버려지게 되었을까?

    누구도 이러한 비극이 언제부터 시작되었는지 단언할 수 없다. 혹자는 2021년 영국 글래스고에서 개최된 제26차 유엔기후변화협약당사국총회 COP26 이후 대두됐던 '탄소 중립'이라는 전 지구적인 숙제를 해결하지 않고 미루어두었기 때문이라고 말한다. 그들의 말처럼 약 80년 전인 그때로 시간을 되돌릴 수 있다면 우리의 현실은 과연 달라졌을까?

암울한 상상

NET ZERO

긴장감 없는 '기후 위기'

심각한 이상 기후 현상과 위기의식

2020년 대한민국에서 탄소 중립은 주요한 국가 의제로 자리 잡았다. 바로 전해인 2019년 미국 해양대기청NOAA은 5월 대기 중 이산화탄소 평균 농도가 417.1ppm(백만 분율)으로 인류 역사상 가장 높은 기록을 갱신했다고 밝혔다. 현재 이러한 이산화탄소 농도의 고공행진으로 2020년 지구 평균 온도는 20세기 평균보다 0.98도가 오른 상황이다. 세계 곳곳에서는 이상 기후 현상이 발생했다. 2020년 2월까지 6개월간 지속된 호주의 산불은 한반도 면적의 85퍼센트를 태웠고 시베리아에서는 38도가 넘는 이상 고온 현상이 발생했다. 알프스 빙하가 조류의 영향으로 분홍색으로 변하는가 하면, 동아프리카에서는 메뚜기 떼가 창궐했고, 2021년 6월 미국의 팜스프링스는

127년 역사상 가장 뜨거운 기온 50.6도를 기록했다.

2021년 우리나라의 평균 기온은 13.3도로 1973년 기상 관측을 한 이래 두 번째(첫 번째는 2016년 13.4도)로 높았으며 1980년에 비해 여름이 14일 이상 길었고, 하루 최고 기온 33도가 넘는 날이 1980년대에는 평균 10일이었으나 15일로 늘어났다.

2022년 파키스탄은 일명 '괴물 몬순'이라 불리는 물 폭탄으로 1,300명 이상이 사망하고 피해액도 약 300억 달러로 파키스탄 한 해 예산의 74퍼센트에 육박하는 대재앙을 맞았다. 지구온난화에 희생된 파키스탄에 대한 보상을 온실가스 배출국이 책임져야 한다는 목소리가 유엔UN에서 제기되었다. '탄소 중립'이 전 세계적인 화두가 된 것이다.

2021년 제26차 유엔기후변화협약당사국총회COP26에서는 「글래스고 기후합의Glasgow Climate Pact」가 타결되었다. 세계 각국이 기후 위기에 대응하기 위해 석탄 발전을 단계적으로 감축하고 선진국은 2025년까지 기후변화 적응 기금을 두 배로 확대한다는 내용을 담은 합의다. 이 회의에서 한국은 2030년 온실가스 감축 목표NDC, Nationally Determined Contribution를 발표했다. 세계를 상대로 국가적인 목표를 공표하자 대한민국 정부, 언론, 기업은 앞다투어 기후 위기를 강조하기 시작했다. 당장 행동하지 않으면 예상치 못한 재난이 닥치리라는 분위기 속에서 사람들은 두려움을 느꼈다. 조금이라도 탄소 배출을 줄여보겠다며 너도나도 탄소 중립 생활을 실천하기 시작했다. 텀블러와 유리 용기를 사용하고 플라스틱으로 만든 제품 사용을 줄이려는

캠페인도 수시로 진행했다. 달걀과 우유를 포함해 육식을 제한하는 비건 생활도 유행처럼 번져나갔다.* 인스타그램과 블로그에 탄소 중립, 비건 요리, 친환경 제품 구매 인증 사진 등을 올리며 '가치 있는 소비'와 '의식 있는 젊은이'를 증명하는 미닝아웃 붐이 일기도 했다.

─── **다시 제자리, 긴장감이 사라진 기후 위기** ───

하지만 너무 쉽게 달아올라서일까? 얼마 지나지 않아 사람들은 탄소 중립을 실천하기 위한 생활에 조금씩 지쳐갔다. '전기차 타는 걸로 됐지', '일회용품을 최대한 안 쓰려고 노력할 만큼 했어', '고기 안 먹고 채식하면 그걸로 된 것 아니야?' 코로나 팬데믹이 마무리되자 그동안 제한된 활동을 보상받으려는 듯 예전의 생활로 돌아가기 시작했다. 비행기가 엄청난 화석연료를 태운다는 사실 따위는 머릿속에서 이미 지워졌는지 공항은 해외여행을 하려는 이들로 붐볐고 여행지 호텔에서는 음식이 넘쳐났다. 무더운 날씨를 탓하며 하루에도 몇 번씩 샤워하며 원 없이 물을 쓰고 멋진 스포츠카를 빌려 화석연료가 주는 최고 출력의 매력을 온몸으로 느꼈다.

---

* 　육류 산업은 그 과정에서 수많은 탄소를 배출한다. 특히 메탄은 이산화탄소보다 20배 이상 강력한 온실효과를 유발하기 때문에 비건은 기후 위기를 막는 의식 있는 행동으로 여겨졌다.

황홀한 여름휴가를 마치고 일상으로 복귀했지만 사람들은 기후 위기가 여전히 우리의 생존을 위협하고 있음을 모르지 않았다. 편리함과 풍족함을 버리고 다시 불편한 생활로 기꺼이 돌아가야 한다는 것도 알고 있었다. 하지만 우리 몸은 이성과 달리 움직였다. 유행 지난 '탄소 중립의 실천'보다 더 힙하고 중요한 일들이 생겼다. 세계 이산화탄소 배출량이 증가 중이라는 뉴스가 흘러나왔지만 '다른 누군가가 더 노력하겠지', '정책을 책임지는 사람들이 잘 대응할 거야'라는 책임 전가가 자연스럽게 이루어졌다.

이런 분위기 속에서 대한민국의 기후 위기 문제는 전기 공급 부문에서 가장 먼저 발생했다. 최근 몇 년 동안 온실가스 배출량을 줄이기 위해 주요 에너지원이었던 석탄 발전을 제한하는 대신 태양광, 풍력 등 재생 에너지를 통한 발전을 정책적으로 추진해왔지만 재생 에너지 설비 입지를 둘러싼 지역주민들의 반대로 목표를 채우지 못하는 해가 많았다. 또 재생 에너지는 해가 뜨거나 바람이 부는 등 날씨 변화에 영향을 받기 때문에 전기 공급의 불안정성이 날로 심해졌다. 사태가 심각해지자 신규 원자력 발전소를 다시 짓기로 했지만 원전의 확대는 반핵 단체들의 강력한 반대와 핵폐기물 처리라는 두 가지 문제로 추진이 지연되었다.

결국 전력 소비가 많아지는 시기에 우려하던 블랙아웃이 발생했다. 전기 부족 현상이 두드러지면서 이번에는 전기 요금 문제가 사회 문제로 떠올랐다. 경제활성화와 경쟁력 제고를 위해 산업계에 상대적으로 저렴하게 전기를 우선 공급하다 보니 부담은 오롯이 일반 가정에 전가되었다. 한마디로 시민들은 전기를 제대로 쓰지도 못하면서 비싼 값을 치렀다.

탄소 중립을 위해 도입된 각종 규제 강화로 기업들의 불만도 고조됐다. 환경시설 설치와 탄소 배출권 구매에 따른 추가적인 기업 부담이 급속도로 증가하자 탄소 중립을 달성할 능력도, 비용을 지급할 여력도 없는 중소기업들은 경쟁력을 상실해갔다. 버티지 못하고 폐업하는 기업이 늘고, 제조업을 주력으로 하는 지방 도시의 타격은 지방 소멸 문제로 이어졌다. 언론에서도 연일 증가하는 실업률과, 지역 경제 침체 및 국가 경쟁력 약화를 조명하는 등 탄소 중립을 위해 뭐든 감내할 수 있을 것 같던 국민적 여론도 점차 바뀌었다.

이는 비단 한국만의 이야기가 아니다. 온실가스 배출 세계3대 국가인 중국, 미국, 인도에서도 상황은 비슷하다. 제조업과 수출로 경제를 성장시켜온 중국과 인도는 당장의 실업 문제와 경제 침체를 타개하기 위해 노골적으로 화석연료를 더 태우기도 했다.

이들 국가를 신랄하게 비판하던 유럽 국가들도 얼마 못 가 비슷한 상황에 부닥쳤다. 영국은 해상 풍력이 제대로 힘을 받지 못했고, 태양 빛을 충분히 받지 못한 독일은 태양광 발전에 의한 전기 공급이 원활하지 못했다. 액화천연가스LNG의 수요가 폭증하자 유럽 국가들은 어쩔 수 없이 우크라이나 전쟁으로 불편한 관계에 있던 러시아로부터 비싼 가격에 액화천연가스LNG를 사올 수밖에 없었고, 전기 요금이 높아지고 경기침체가 장기화되자 탄소 중립 정책에 적극적으로 동참하던 유럽인들의 인내심에도 한계에 다다랐다. 정치인들은 날로 악화되는 여론을 잠재우기 위해 석탄 발전소 가동률을 은근슬쩍 올리는 조치를 취하고 있다. 동유럽 국가들을 중심으로 새로운 원자력 발전소 설립 계획도 속속 발표했다. '원자력이 우리를 구할 때까지', '완전한 재생 에너지로의 전환 전까지'라는 조건으로 슬그머니 석탄 발전에 다시 의존하는 것이다.

탄소 중립을 실천하는 과정에서 일자리는 계속해서 줄고 전기 요금은 천정부지로 치솟고 있는데 어느 누구도 이 상황을 해결할 명확한 비전을 제시하지 못하고 있다. 4차 산업혁명이라는 패러다임의 변화 시기에는 효율성과 편의성 및 혁신 발전이라는 희망적인 미래 청사진이 있었지만 탄소 중립에 있어서는 그런 청사진이 보이질 않는다. 이미 일상화된 기후 위기에도 불구하고 미래를 위해 국민에게 희생을 요구할 정치인은 찾아보기 힘들다. 표를 잃을 것이 분명하기 때문이다. 지금의 탄소 중립은 모두에게 책임도 혜택도 불분명한 어려운 과제일 뿐이다.

─── 과학기술의 배신 ───

과거 인텔의 공동 창업자인 고든 무어Gordon Moore는 "반도체 회로의 집적도는 1년 반에서 2년 동안 두 배가 된다."는 '무어의 법칙'으로 눈부신 반도체 기술 발전의 속도를 설명했지만 에너지 분야는 반도체와 달랐다. 효율 개선, 저탄소 제조 공정을 위한 과학기술 분야의 발전 속도는 과거 반도체의 발전 속도와는 비교할 수 없을 만큼 더디다.

제철 분야를 예로 들어보자. 철을 만들어내려면 철광석에서 산소를 분리해내야 한다. 이때 석탄에서 발생하는 가스를 이용하면 이산화탄소가 발생하기 때문에 탄소계 대신 수소를 환원제로 이용해 철을 제조해야 한다. 이를 '수소환원제철공법'이라 한다. 그런데 이 기술이 상용화되어 기존 공정을 완전히 대체하기까지는 상당한 시일이 걸릴 것으로 보인다. 또 태양광 효율을 40퍼센트 수준까지 끌어올릴 수 있는 페로브스카이트 태양전지는 실증 수준을 넘어 상용화되기까지 아직 넘어야 할 산이 많다.

언제든 원하는 시기 또는 그보다 앞서 과학기술이 먹고사는 문제를 해결하고 새로운 일자리를 창출하리라는 장밋빛 기대는 사라지고 있다. 일자리를 잃은 사람들은 계속 늘고 있는 마당에 탄소 중립을 위해 기존에 확보한 기업 경쟁력을 희생시키는 것이 과연 맞는 일인가에 대한 사회적 논쟁이 확산되고 있다. "폭염과 이상 기후의 근본적인 원인은 기후변화에 있다. 우리의 풍족함을 위해 '기후'를 희생했으니 원상복구에 대한 책임 또한 우리에게 있다. 기꺼이 비용과 불편함을 감수해야만 한다."는 말은 통하지 않고 있다.

사람은 갑작스럽고 현실적인 위협에 강하게 반응한다. 행동경제학의 창시자 중 한 명으로 노벨경제학상을 받은 대니얼 카너먼Daniel Kahneman 교수에 따르면 사람들은 대체로 이익보다는 손실 가치를 크게 느끼며 현실적으로 당장 손실이 될 만한 것은 뒤로 미룬다고 한다. 탄소 중립에도 이 심리학적 이론이 적용된 셈이다. 강제적 페널티가 없는 범지구적인 약속은 잘 지켜지지 않았고 현실은 최악의 시나리오로 전개되고 있다.

미래의 비극,
최악의 시나리오

점점 뜨거워지는 지구, 급증하는 사망자

탄소 중립은 과연 선언적 표명에 그치고 말 것인가. 테슬라는 물론 현대, 기아 등 국내 자동차 회사들이 전기차를 생산하고 판매하고 있지만 전기 생산에는 여전히 화석연료의 비중이 높다. 원자력 발전소는 아직도 공사 중이고 전기 수요를 맞추기 위해 석탄 발전소의 가동은 불가피하게 여겨지고 있다. 재생 에너지는 그 중요성에도 불구하고 사업자들의 몰염치한 부정행위로 인해 시장 신뢰도가 떨어졌을 뿐만 아니라 투자자들의 외면과 수익성 악화로 상당수 폐업하여 '2030년 에너지 믹스의 21퍼센트를 재생 에너지로 공급하겠다'는 정부의 계획이 점점 달성하기 힘들어지고 있다.

설상가상 수년간 지속된 전 세계적인 코로나 팬데믹을 극복하기 위해 여러 차례 시중에 풀린 돈 때문에 생필품 가격은 천정부지로 오르고, 사회 전 분야에 걸쳐 비대면 방식과 AI 시스템이 정착되면서 일자리가 감소하고 가계의 소득 수준 또한 예전 같지 않다. 국제 수준에 맞는 합리적인 요금 체계를 위해 전기 요금 인상이 불가피하지만 가뜩이나 고물가에 시달리는 국민 생활을 생각하면 급격한 인상은 섣불리 추진하기 어렵다. 그렇다고 기업에 부담을 지울 수도 없다. 거의 모든 부문에서 중국과 치열하게 경쟁하고 있기 때문이다.

하지만 이런 상태로 계속 가다가는 20년 뒤에는 지구 온도가 평균 3도 이상 상승해 숨도 쉬기 힘든 찜통더위가 일상화될 것이다. 폭염 일수가 늘면 한낮의 바깥 활동은 노약자에겐 목숨을 건 행위가 될 것이다. 지독한 열대야로 에어컨 사용량은 연일 최대치를 갱신할 것이며, 전기 사용량 증가는 결국 국제 석탄과 액화천연가스LNG의 가격을 올리고 원가 부담을 견디지 못한 채 전기 요금을 올릴 것이다. 비싼 전기 요금 때문에 에어컨을 틀지 못하는 저소득층이 열사병으로 사망하는 수가 늘어날 것이고, 이들을 지원하는 복지제도가 생긴다 해도 그 부채는 고스란히 미래 세대의 몫이 될 것이다. 해결책 없는 폭탄 돌리기. 미래의 비극은 이미 예견되어 있다.

2040년이 되면 폭염으로 서울에 사는 인구 10만 명당 약 220명이 사망할 거라는 경고가 나오고,[1] 현재 수준으로 계속해서 온실가스가 배출된다면 2050년 도시는 폭염으로 인한 사망률이 2010년에 비해 37.3퍼센트나 급증할 것이라는 연구 결과도 발표되었다.[2]

모기로 인한 고통

기후 전문가들은 금세기 말이 되면 한반도의 폭염일은 약 80일, 열대야는 대략 70일 정도로 늘어날 것으로 예측하고 있다.[3] 수온이 상승하여 살모넬라균, 비브리오균이 증식하면 식중독으로 고통받는 사람이 늘고 무엇보다 모기에 의한 질병이 사회 문제로 떠오를 것이다. 하루 평균 기온 혹은 하루 최고 기온이 1도만 상승해도 모기의 개체수는 27퍼센트나 증가하기 때문이다.[4]

여름마다 비상 대책이 요구되는 대표적인 질병으로 뎅기열이 있다. 뎅기열은 급성 열성 질환으로 뎅기 바이러스를 가진 이집트숲모기Aedes aegypti와 흰줄숲모기Aedes albopictus에 의해 전파된다.[5] 지금까지 뎅기열은 동남아 지역에서 발병률이 높았다. 뎅기열이 발병하려면 1월 평균 기온이 10도 이상이어야 한다. 모기들이 겨울을 나야 하기 때문이다. 아직까지 우리나라는 뎅기열의 안전지대로 인식되고 있는데, 한국은 겨울철 평균 기온이 2도에 불과해 뎅기열에 걸린 흰줄숲모기가 유입되더라도 겨우내 살아남을 수 없는 탓이다.

하지만 이대로 기후변화가 계속되면 2030년대 중반 이후부터는 한반도 남부 지역이 아열대 기후로 바뀌면서 더 이상 뎅기열로부터 안전지대가 될 수 없다. 특히 제주도와 영호남 지역을 중심으로 매년 피해가 증가할 것으로 보인다. 백신이 있어도 여러 차례 맞아야 할 뿐 아니라 백신의 부작용 및 비용도 무시할 수 없어 발병 추세는 쉽게 수그러들지 않을 것이다. 한반도 전체 기온이 점점 따뜻해지고 있으니

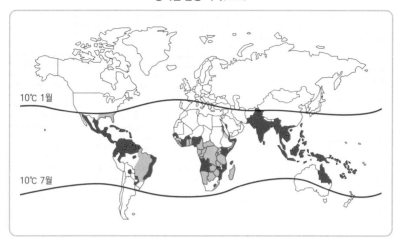

뎅기열 발생 지역(2006)

10℃ 1월

10℃ 7월

뎅기열의 북상은 예상보다 빨라질 것이다. 서울과 수도권은 물론이고 대한민국 선역이 뎅기열로 고통받을 날이 초읽기에 접어들고 있다.[6]

　모기에 의해 전파되는 또 다른 바이러스 질환인 웨스트나일병도 문제다. 이 병은 21세기 초 미국과 유럽에서 발생한 여름철 토착 감염병으로 노약자에게 뇌염, 수막염 등 심각한 질환을 유발한다. 개, 고양이, 말, 새 등 주변에서 흔히 볼 수 있는 동물들을 통해 빠르게 확산하는데, 한국에서는 집모기가 감염시켜 환자가 급속도로 증가했다. 일본뇌염과 달리 아직 백신이 개발되지 않은 데다 애완동물을 통해 바이러스 감염이 일어날 수 있다는 점이 사람들에게 공포를 불러일으키고 있다.[7]

　여름철 모기 감염병의 끝판왕인 말라리아 역시 큰 골칫거리다.

학질이라는 이름으로도 불렸던 말라리아는 한때 박멸된 것으로 알려졌으나 북한을 통한 매개 모기의 유입으로 휴전선에서 근무 중인 군인에게서 발병되었고 이후 수도권을 중심으로 확산했다.[8]

뎅기열과 웨스트나일병이 바이러스에 의한 감염병이라면 말라리아는 말라리아 원충이 주요 원인이다. 인체에 기생하는 말라리아 원충은 삼일열원충, 열대열원충, 사일열원충, 난형열원충 등이 있다. 그중 우리나라에는 중국얼룩날개모기Anopheles sinensis를 매개로 하는 삼일열원충이 삼일열 말라리아를 일으켜왔다. 삼일열 말라리아는 48시간 주기로 39도 이상의 고열이 3~6시간 정도 지속되면서 열 발작을 일으킨다.

기온 상승으로 중국얼룩날개모기 개체 수가 기하급수적으로 늘자 삼일열 말라리아 환자도 한반도 전 지역에서 급속히 증가했다. 2014년 연구 결과에 따르면 경기도를 예로 들었을 때 기온이 1도 상승하면 삼일열 말라리아 발생 위험이 12.7퍼센트 상승한다.[9] 2040년에 이르면 그 심각성이 예상치를 벗어날 것이다.

가장 큰 문제는 열대열 말라리아다. 알비마누스 모기가 옮긴다는 이 말라리아는 중증 합병증과 의식장애, 혼수 상태와 같은 심각한 문제를 야기하고 증상 발현 후 48시간 안에 치료하지 못하면 열 명 중 한 명이 사망하는 치명적인 질병이다. 열대열 말라리아로 고통받던 아프리카 국가인 케냐, 에티오피아 등은 예로부터 이 모기들이 살수 없는 고원지대에 수도(나이로비, 아디스아바바 등)를 두었다. 그런데 2040년에 이르러 기온이 상승하면 이들 도시에도 알비마누스 모기들이 빠르게 유입될 것으로 보인다.[10] 그렇게 되면 저지대 거주민보다 상대적으로 면역력이 약한 도시민 사이에서 말라리아 환자 수가 급속도로 늘어나면서 도시 대부분이 거의 초토화될 것이다. 기온 상승에 따른 모기의 습격은 열대열 말라리아에 청정 지역이었던 한국에도 감당하기 힘든 재앙으로 다가올 것이다.

기후변화로 기온이 상승하면 개화 시기가 확대된 봄에는 고농도의 꽃가루로 천식, 비염, 결막염 등 알레르기 질환으로 고통받고, 여름에는 뎅기열과 말라리아로, 가을에는 쯔쯔가무시증*과 싸워야 한다. 1년 내내 각종 질환과 의료비 부담에 시달리는 것이다. 우리는 선택해야 한다. 개선의 여지가 있을 때 움직여야 한다.

---

* 야생진드기의 한 종류인 활순털진드기가 옮기는 병으로 구토, 발열, 근육통을 유발한다. 9월 무렵 남서 지역을 중심으로 유행한다. 활순털진드기는 여름철 기온이 높을수록 더 많은 알을 낳고 더 넓은 지역으로 이동한다. 기후의 변화는 활순털진드기의 서식 범위를 북으로 상승시키면서 환자 수를 증가시킬 것이다.

지키지 못한 약속이 낳은 지중해 사막화

　지구가 급격히 뜨거워지는 추세에서 전 세계 국가들이 약속을 지키지 않는 바람에 직격탄을 맞은 곳이 있다. 바로 지중해 지역이다. 2030년에 이르면 에메랄드빛 푸른 바다와 올리브 나무로 대표되는 모나코, 칸느, 몰타, 산토리니가 더 이상 매력적인 휴양지가 아닐 것이다. 낮에는 아름다운 바다와 그늘 아래 휴식을 취할 수 있고 밤이 되면 시원한 바람 속에 음악과 춤이 흘러넘치던 거리는 과거의 기억이 될 것이다.

　점점 건조해지는 기후 탓에 지중해 지역은 2040년이 되면 목숨을 잃을 각오를 하지 않는 한 태양볕 아래 오래 있지 못할 것이다. 건조한 기후와 가뭄, 겨울철 폭우로 심하게 깎인 토양으로 올리브 나무는 더 이상 자랄 수 없을 것이며 그 자리를 건조한 스텝형 짧은 관목과 듬성듬성한 풀들이 차지할 것이다. 겨울철 국지적으로 내리는 적은 양의 비로는 여름 내내 지속된 가뭄을 해결할 길이 없다.

　지중해 지역이 건조 기후로 바뀌는 것은 아열대 고기압대의 세력 확대가 원인이다. 유럽의 지중해 지역은 계절에 따라 아열대 고기압대와 편서풍 저기압대의 영향을 번갈아 가며 받는다. 여름에는 아열대 고기압대의 영향으로 기온이 높고 건조한 날씨가 지속되는 반면, 겨울에는 편서풍의 영향으로 비가 자주 내린다.[*] 그러나 지구온난화에 의한 아열대 고기압대의 영향으로 가뭄이 심해지면서 사하라 사막 주변에 펼쳐진 온대초원 지역들이 점점 사막화되고 있다.[11]

이대로 사하라 사막이 범위를 넓혀가면 북아프리카 지중해 도시들이 먼저 사막화로 황폐해지고 눈 깜짝할 사이에 유럽 지중해 지역 또한 건조 기후로 변할 것이다. 세력이 강해진 아열대 고기압대[**]가 여름철 유럽 지역에 상륙하면서 뜨겁고 건조한 바람이 확산되어 유럽 지중해 지역을 사하라 사막의 제물로 삼기 시작한 것이다. 지구가 따뜻해지고 건조할수록 사막화가 이루어지는 것은 당연하다.

---

[*] 무역풍, 편서풍 저기압대: 아열대 고기압대로 내려온 공기 일부는 다시 적도로, 또 다른 일부는 북쪽으로 이동한다. 적도로 내려오는 바람은 무역풍이라고 하는데 한 방향으로 일정하게 불다 보니 해양 무역이 활발한 대항해 시대에 유럽 국가들이 많이 활용했다고 한다. 무역풍은 지구 자전의 영향으로 북반구에서는 북동풍, 남반구에서는 남동풍으로 분다. 이러한 현상은 프랑스 공학자 코리올리가 처음 설명했다고 해서 코리올리 효과라 불린다.
한편 북동쪽으로 이동하는 공기, 즉 편서풍은 극지방에서 내려오는 차가운 공기를 만나는데, 이때 차가운 공기는 하강하고 있어 편서풍은 비스듬하게 공기를 올라타게 된다. 불안정한 만남 속에 공기가 상승하게 되니 비가 내리는 저기압대가 자연스럽게 형성된다.

[**] 아열대 고기압: 적도 지방의 강한 태양복사 에너지를 흡수한 습한 공기는 온도가 올라가면서 가벼워져 상승하고 이 상승한 공기는 다시 응축되어 구름이 층층이 쌓여 수직으로 발달한 뭉게구름인 적운이 만들어진다. 적운은 적도 지역에 상당히 많은 비를 뿌리며 더운 공기는 열역학 제2법칙에 따라 상대적으로 온도가 낮은 지역으로 이동한다. 비를 다 뿌리고 건조해진 상태에서 이동하던 공기는 위도 20~30도 지역에 이르면 차가워지고 밀도가 높아져 무거워진다. 그러면 다시 밑으로 내려오게 되는데 이 지역을 아열대 고기압대라고 하며 공기 성질이 건조하고 비가 거의 없어 보통 이 지역에 사막이 발생한다.

인류가 각자의 이익만을 좇는 사이 사하라 사막은 인류를 비웃듯 유럽 문화의 본류인 그리스, 로마 지역을 자기 세력 안에 편입시키고 있다. 이 속도로 가다가는 지리책에 사하라 사막 북쪽 한계선이 유럽 남부로 기술될 날도 멀지 않은 듯하다.

과거 수천 년 전 사하라 사막 지역에 거대한 호수가 있고 하마, 악어와 같은 동물들이 살았다는 사실을 아는 사람은 많지 않다.[12] 당시 구석기인들은 자신들이 살고 있는 사하라 지역을 인간과 동물들이 풍요롭게 어울려 사는 지상낙원으로 생각했으며 이를 와디소라 Wadi Sora라는 벽화로 남겼다. 하지만 현세 인류에게 이 모두는 잊힌 지구의 역사일 뿐이다. 지금의 상황도 그렇다. 우리가 더 늦으면 우리 후손들은 아름다운 지중해 해안을 과거 조상들의 SNS 사진으로만 볼 수 있을 것이다.

식량 전쟁

과도한 개발과 화석연료의 무분별한 사용은 작물이 생육할 수 있는 환경을 파괴하고 작물 생산량을 급격히 감소시키면서 인류의 생존을 크게 위협하고 있다.

2020년도 한국의 쌀 자급률은 92.8퍼센트로 양호하여 매년 5만 톤을 식량이 부족한 아프리카와 중동 지역에 원조할 수 있었다.[13] 하지만 빠른 기후변화로 2050년에 접어들면 곡창지역 대부분에서 벼 수확량이 15~20퍼센트 이상 감소할 수 있다고 보고 있다. 식량학자들은 21세기 말이 되면 고온의 영향으로 벼 수확량이 25퍼센트 이상 급감할 것이라고 전망했다.[14]

연구 결과에 의하면 벼는 개화기 기온이 지나치게 높으면 임실률(벼 알갱이가 만들어지는 비율)이 급격히 떨어진다. 한계 온도를 넘어 기온이 36도인 경우 임실률은 50퍼센트 정도밖에 되지 않는다.[15]

쌀이 부족해도 다른 작물 생산량이 넉넉하다면 식량 걱정을 덜 수 있다. 하지만 2020년 작물의 자급률을 보면 보리, 밀, 콩, 옥수수 각각 38.2퍼센트, 0.8퍼센트, 3.6퍼센트, 30.4퍼센트에 불과하고 대부분의 작물은 수입으로 국내 수요량을 맞춰오고 있다.[16] 곡물 수입은 수출국의 작황 현황과 수출 제한에 상당한 영향을 받는다. 한국은 주로 미국으로부터 밀, 콩, 옥수수를 수입히는데, 만약 미국이 기온 상승에 따른 가뭄으로 자국 내 식량 공급을 위해 수출을 금지한다면 우리나라의 곡물 가격은 상상 이상으로 치솟을 것이다. 이에 따라 굶주림과 빈부 격차가 심해지면서 사회에 큰 혼란이 발생할 수 있다.

한편 한국의 식량 문제는 14억 명이라는 인구수를 자랑하는 중국 때문에 더욱 심각해질 전망이다. 인구 증가와 이로 인한 식량 수요 증가로 중국은 전 세계 농업용수 사용량 1위 국가다[17] 기온상승에 따른 가뭄으로 농업용수 공급에 차질이라도 생겨 중국의 식량 작물 생산량이 줄게 되면 중국은 이를 벌충하기 위해 수출량을 줄일 것이고 그렇게 되면 세계 곡물 수입 시장을 심각하게 교란시킬 수 있다.

중국은 세계 인구의 18퍼센트를 차지하지만 담수량은 세계 6퍼센트로 만성적인 물 부족 국가다.[18] 더욱이 수자원의 80퍼센트 이상이 양쯔강 이남 지역에 있어 북쪽은 예전부터 늘 가뭄에 시달려왔다. 지구 기온이 상승하면 북쪽의 가뭄은 더욱 심각해질 것이다. 남쪽에 위치한 양쯔강, 황허강도 심각한 물 부족으로 고통받을 것이다. 두 강의 수원인 티베트고원 지대의 빙하가 지구 기온의 상승으로 점차 녹아버릴 것이기 때문이다.

　　일부 학자들은 지구의 온도가 4도 정도 상승하고 농업용수에 대한 지원이 여의치 않는다면 2050년에는 중국의 옥수수 생산량이 2018년 대비 30퍼센트 가까이 감소할 것으로 보고 있다.[19] 강력한 경제력과 국제 협상력을 앞세운 중국 정부가 자국민을 위해 식량 확보에 사활을 걸고 세계 곡물 수입 시장을 독점한다면 식량 자급률이 낮은 한국은 더 비싼 가격에 더 적은 양을 수입해야 하는 피해를 고스란히 감수할 수밖에 없다.

　　한국의 식량 확보에 대한 미래는 어둡다. 지구 기온이 상승함에 따라 쌀, 밀, 옥수수, 보리와 같은 작물의 임실률이 갈수록 떨어지고 있으며 매년 심각한 가뭄으로 농업용수 관개도 쉽지 않다. 수입하려 해도 세계적인 곡창지대는 더 이상 세계 곡물 수요를 충족시킬 수 없다. 다행히 기온이 올라가면 곡물 생산이 어려웠던 한랭 지역에서 식량 생산을 할 수 있겠지만 토지가 척박해 공급량을 맞추기에는 역부족일 것이다.

　　지구온난화가 계속되면 세계 모든 국가가 자국 우선주의로 돌아서며 시장을 걸어 잠글 가능성이 크다. 식량이 부족한 국가의 불만은 고조되면서 국제 분쟁이 언제 터져도 이상하지 않은 분위기가 형성될 것이다.

곡물 외에 우리가 일상적으로 먹고 마시는 커피나 사과도 더 이상 즐길 수 없게 될 것이다. 2018년 국제커피기구International Coffee Organization에 의하면 한국은 연간 15만 톤의 커피 원두를 소비하는 세계 6위의 소비 국가이며 2조 4,000억 원의 국내 소비 시장을 가지고 있다.[20] 지금은 누구나 아라비카의 스페셜티를 즐길 수 있지만 지구 평균 기온이 산업혁명 이전과 비교하여 약 3도 정도 오를 것으로 예측되는 2050년에도 과연 그럴까? 그즈음이 되면 전 세계에서 아라비카 커피를 재배할 수 있는 곳이 지금에 비해 50퍼센트 이상 감소하면서 커피 가격이 하루가 다르게 오를 것이다.[21] 그렇게 되면 스페셜티는 돈 많은 소수의 사람만 즐길 수 있는 사치품이 될 것이다.

커피뿐만 아니라 우리가 쉽게 맛볼 수 있는 사과 또한 2050년경에는 강원도의 극히 일부 지역에서만 재배할 수 있게 되면서 가격이 금값으로 치솟을 것이다.[22]

인삼 역시 온난화의 영향을 피해갈 수 없다. 인삼은 일반적으로 21~25도에서 최고 품질을 재배할 수 있다. 지구온난화가 계속되면 2050년에는 강원도와 내륙 산간 지역에서만 재배가 가능하고 2090년이 되면 오직 강원도 극히 일부 지역에서만 재배되어 전체 남한 경작지의 5퍼센트만 생산 가능할 것이다.[23]

김치도 마찬가지다. 2020년대인 지금은 K-POP, K-드라마의 영향으로 김치 또한 세계적인 음식이 되었지만 2050년이 되면 한국은 김치 종주국이라는 위상에 걸맞지 않게 배추가 사라질 것이다. 서늘한 기온을 좋아하는 배추는 기온이 25도만 넘어가도 배추 무름병 감염에 취약해져 먹을 수 없게 된다.[24] 현재와 같은 속도로 지구온난화가 계속되면 2050년 고랭지 배추의 생산량은 2010년경보다 30퍼센트 가까이 감소하고[25] 시간이 지날수록 상황은 더 나빠질 것이다.

바다를 지키는 고래가 사라진다

바다에 사는 고래는 이산화탄소와 어떤 관련이 있을까? 바다의 최상위 포식자인 고래의 선조는 물에서 뭍으로 진화되어온 다른 생물과는 다르게 뭍을 떠나 물을 선택했다. 대략 5,000만 년 전 고래의 최초 조상이라고 알려진 파키스탄의 고래, 즉 파키케투스는 소나 말처럼 발굽을 가진 육상 동물이었다.[26] 시간이 흐르면서 물가에 살던 고래의 조상들은 뭍과 물을 오갔는데, 포식자로부터 자신을 숨기기에 물이 좋은 피난처였기 때문이다.

약 4,800만 년 전에는 파키케투스에서 진화한 암불로케투스가 드디어 물속 생활에 특화된 모습을 보였다. 이후 물속 생활에 적합하게 진화한 고래는 중력의 부담이 줄어든 상황에서 빙하기를 거치며 몸을 거대하게 키웠다.

고래는 살아 있는 동안 어마어마한 이산화탄소를 몸에 저장한다.[27] 또한 죽어서는 탄소를 간직한 채 물밑으로 가라앉아 탄소를 해저 깊숙이 격리한다. 대왕고래 한 마리는 약 33톤의 이산화탄소를 몸속에 축적한다. 나무 한 그루가 연간 22킬로그램 정도의 이산화탄소를 흡수한다는 점을 감안하면 고래를 보존하고 개체수를 늘리는 것이 이산화탄소를 줄이는 데 얼마나 효과적인지 알 수 있다.[28] 더욱이 고래의 똥은 식물 플랑크톤의 주요한 영양분이다. 식물 플랑크톤은 이산화탄소를 흡수하고 산소를 배출할 뿐만 아니라 바다 먹이사슬 맨 끝에 자리 잡아 바다 생태계를 유지시킨다.

포식자를 피해 바다로 도망쳐온 고래는 4,000만 년이 지난 현재 바다 생태계에 없어서는 안 될 존재로 자리매김했다. 2019년 국제통화기금은 탄소를 저장해 이산화탄소를 줄이고 바다 생태계를 건강하게 유지시켜줄 뿐만 아니라 관광 산업에도 기여하는 고래를 경제적 가치로 환산하면 한 마리당 200만 달러의 가치를 지닌다고 결론지었다.

하지만 21세기 말이 되면 고래를 보는 것이 점점 어려워질지 모른다. 국제적으로 포경은 대단히 엄격하게 통제되고 있지만 그물이나 버려진 어류 장비에 걸려 죽거나 일본처럼 전통 행사를 평계 삼아 고래를 사냥하는 경우가 많기 때문이다. 대기 중 이산화탄소가 해수에 녹아들면서 생기는 해양 산성화도 큰 문제다. 해양 산성화가 진행되면 고래의 먹이인 크릴부터 익종류, 크고 작은 물고기까지 사라진다. 여기에 선박 엔진 소리와 음파 탐지기의 소음까지 더해지면 고래의 짝짓기나 먹이 찾기, 무리 짓기에 치명적인 타격을 줄 수 있다.[29] 먹이와 포식자를 피해 육지에서 바다로 돌아간 고래가 인간들의 무분별한 포획도 모자라 인간이 배출하는 이산화탄소에 의해 삶의 터전이 파괴되는 심각한 환경 변화에 처한 것이다.

수천만 년 동안 진화를 거쳐 적응해온 바다는 더 이상 안전하지 않다. 다시 육상 동물로 진화할 시간도 없을뿐더러 육지조차 안전한 곳이 점점 사라진다면 어처구니없게도 그저 멸종을 기다릴 수밖에 없다. 바다를 지켜온 고래가 그렇게 사라지도록 놔둘 것인가. 아직 늦지 않았다.

──── 철저히 파괴된 바닷속 생태계 ────

지구가 처음 만들어질 때 원시 대기는 수증기와 이산화탄소가 대부분을 차지하고 있었고, 지구 면적의 70퍼센트 이상을 차지하는 바다는 태곳적부터 지금까지 대기에 존재하는 이산화탄소의 상당량을 흡수해왔다.

당시 원시 바다는 강한 산성이었다. 원시 대기 중에 있는 대량의 염화수소나 황화수소 등이 빗물과 함께 대양에 녹아들었기 때문이다. 강한 산성을 띠다 보니 이산화탄소를 흡수할 수 없었지만 이후 원시 지각에서 흘러나온 칼슘과 마그네슘의 양이온으로 원시 대양이 급속

히 중화되면서 이산화탄소가 바닷물에 녹았다.[30]

　이산화탄소가 녹기 시작하자 이산화탄소와 물이 화학반응으로 만들어진 탄산이온(음이온)과 칼슘, 마그네슘의 양이온이 탄산염이 되어 바다 깊은 곳에 쌓였다. 대기 중 이산화탄소가 바다 밑에 갇힌 것이다. 이후 대륙이 융기하고 화산 작용으로 지형이 새롭게 만들어지면서 약 30억 년 전쯤 대륙이 지구의 절반 정도를 차지했을 무렵부터 대기 중 이산화탄소 농도가 급격히 줄기 시작했다. 비나 지하수에 녹은 이산화탄소가 지표면의 암석과 화학 작용을 통해 암석을 녹이면서 지표면에 고착된 것이다.[31] 이를 화학적 풍화작용이라 한다. 물론 육지 식물과 해조류, 식물 플랑크톤에 의해서도 이산화탄소가 유기물로 고정되어 차곡차곡 땅에 저장되었다. 그리고 이러한 모든 과정을 통해 대기 중 이산화탄소가 인류가 살 수 있을 정도로 점차 줄어들었다.

　하지만 산업혁명 이후 땅에 갇혀 있던 이산화탄소를 다시 태우기 시작하면서 대기 중에 이산화탄소 농도가 급속히 올라가기 시작했고 그중 상당량이 바다로 흘러들었다. 2018년 기준으로 인간이 배출한 이산화탄소의 25퍼센트 정도가 바다로 흡수됐으며 1992~2018년에는 대략 670억 톤의 이산화탄소가 흡수되었다는 연구 결과도 있다.[32] 2020년 한 해 동안 전 세계 이산화탄소 배출량이 500억 톤인 점을 감안하면 얼마나 많은 양을 바다가 흡수해왔는지 알 수 있다. 이미 엄청난 양의 이산화탄소가 저장된 바다에 인간이 새로이 배출한 이산화탄소가 매년 추가로 쌓이는 것이다. 대기 중 증가하는 이산화탄소의 상당 부분이 바다로 흡수되면서 바다 생태계를 위협하는 화학 반응이 유발되었다. 바로 해양 산성화다. 이산화탄소가 바닷물에 녹으면 물과 반응하여 탄산이 만들어진다. 콜라나 사이다 등에서 볼 수 있는 자그마한 물방울인 탄산은 시간이 지나면 수소를 뿜어내면서 중탄산이온으로 변하고, 이후 한 번 더 수소를 뿜어내면서 탄산이온이 된다. 이렇게 만들어진 탄산이온은 바닷속 칼슘이온과 만나 어류의 골격, 갑각류의 껍질 등을 만드는 데 필요한 탄산칼슘이 된다. 여기까지는 아주 정상적인 반응이다. 하지만 엄청난 양의 이산화탄소가 바다로 들어오면 이 화학반응에 이상이 발생한다. 탄산이온이 물속의 수소와 결합해 다시 중탄산이온으로 역변환하는 것이다.

크릴, 산호, 굴, 조개, 랍스터, 게, 새우 등이 탈피하면서 껍질을 키워나가려면 탄산칼슘이 필요하다. 탄산이온과 칼슘이온이 결합해 탄산칼슘이 만들어져야 알에서 유충으로, 유충에서 성충으로 몸집을 키워나갈 수 있다. 그런데 엄청난 이산화탄소가 바다로 들어와 탄산칼슘을 만드는 재료인 탄산이온이 부족해지면 더 이상 크기를 키울 수가 없게 된다.

더욱이 이산화탄소는 탄산칼슘과 직접 반응해 아예 탄산칼슘을 녹여버린다. 과거의 한 실험을 보면 인간이 이산화탄소를 많이 배출하는 상황을 가정해 해양 산성화가 상당히 진행된 2100년의 바다 환경을 임의로 조성한 후 바다달팽이(익종류) 껍질을 넣어두었다. 실험 결과 45일 지나자 달팽이껍질이 거의 다 녹아버렸다.[33] 이 결과대로라면 다 자란 성체라도 이산화탄소가 많이 녹아 있는 바닷물에서 서식하면 시간이 지날수록 껍질이 녹아 폐사하는 상황에 놓일 것이다.

식물 플랑크톤에 심각한 영향을 미치는 것도 문제다. 식물 플랑크톤은 크릴 등 동물 플랑크톤의 먹이다. 석회비늘편모류coccolitho-phore 같은 일부 식물 플랑크톤은 탄산칼슘으로 보호막을 만들어 자신을 보호한다. 만약 보호막이 녹아버린다면 바이러스에 쉽게 노출되어 죽게 될 것이고[34] 먹이사슬의 가장 아래에 위치한 식물 플랑크톤이 집단적으로 폐사하면 상위 포식자들도 생존을 장담할 수 없다. 실험실에서 껍질이 녹아버린 익족류도 북태평양 베링해 등에서 청어, 연어, 고래, 바닷새 등의 주요한 먹이였다.

탄산칼슘이 부족해지면 탄산칼슘 골격을 가진 산호도 더 이상 살아남을 수 없다. 열대 바다의 산호초 군락은 열대 어종들의 산란징이자 서식치이며 다양한 먹이를 제공하는 사냥밭이다. 숲이 사라지면 숲에 사는 야생동물이 살아갈 수 없는 것처럼 산호초가 사라지면 물고기가 살아갈 수 없다. 2014년 연구에 따르면 지구 온도 상승을 1.5도로 제한해도 열대 산호초의 70~90퍼센트 정도가 사라진다고 한다.[35] 특히 대기 중 이산화탄소 농도가 560ppm을 넘으면 지구상에 있는 산호초 대부분이 소멸 단계에 접어들어 2100년에는 더 이상 찾아볼 수 없다고 보았다.[36]

우리는 인류가 초래한 해양 산성화가 해양 생태계에 얼마나 큰 악영향을 끼치는지 이미 여러 연구를 통해 알고 있다. 인간이 섭취하는 동물성 단백질의 17퍼센트를 어류 등 다양한 해양 생물로부터 얻고 있고 어획 활동이나 양식 등을 터전으로 살아가는 사람들이 전 세계 인구의 10~12퍼센트에 이르는데도[37] 해양의 파괴를 막지 못한다면 2100년 열대 바닷속 아름다운 산호초에서 물고기와 함께하는 스노쿨링의 낭만은 더 이상 기대할 수 없을 것이다. 이대로 가다가는 뜨거워진 수온과 해양 산성화로 대부분의 어류가 극지방에 모일 것이고 오랫동안 바다에서 최상위 포식자로 살아온 고래뿐만 아니라 지구상 최강자인 인류도 생존의 위기에 내몰릴 것이다.

티핑 포인트와 시한폭탄

티핑 포인트tipping point란 "작은 변화가 쌓여 한 번만 더 작은 변화가 일어나면 갑자기 큰 변화가 발생할 수 있는 상대"를 말힌다. '트리거'라는 표현도 비슷한 상황에서 사용된다.

티핑 포인트를 기후변화의 관점에서 보면 의미는 다음과 같다.

"인간이 배출해서 누적된 이산화탄소의 양이 임계 수준에 도
달하여 이산화탄소가 추가로 배출되면 그 순간부터는 인간
이 통제할 수도, 예측하기도 어려운 어마어마한 변화가 발생
할 수 있는 단계"

하지만 지난 수십 년 동안 여러 차례 업그레이드된 기후 모델조차도 티핑 포인트의 시점을 예측하지 못했을 뿐 아니라 이후 일어날

변화도 정확하게 분석하지 못했다. 다만 최악을 염두에 두고 막연하게 시뮬레이션해봤을 뿐이다.

지금부터 상상으로 어렴풋이 예측한 4가지 시한폭탄에 대해 이야기하고자 한다. 각각의 시한폭탄들은 산업혁명 이후 서서히 예열되고 있는 것들로 티핑 포인트를 넘어 카운트다운이 시작되면 걷잡을 수 없는 강력한 폭발을 일으킬 수 있다.

시한폭탄 ①
영구 동토층에서 방출된 메탄과 이산화탄소

영구 동토층은 적어도 2년 이상 0도 이하를 유지하는 땅을 말한다. 북반구만 보자면 러시아, 북유럽, 캐나다까지 북극 주변의 땅들이 대부분 영구 동토다. 빙하기에는 육지였지만 지금은 바다에 속한 북극 대륙 일부 지역이나 히말라야 등 높은 고산 지대에도 영구 동토층이 존재한다. 면적으로는 북반구의 대략 25퍼센트 정도를 차지한다. 이는 대한민국 영토의 약 230배에 달하며 두께가 1,500미터에 이른다.[38]

문제는 지구온난화로 영구 동토가 녹고 있다는 것이다. 영구 동토층에는 썩다가 만 관목이나 풀과 같은 식물과 동물의 사체들로 가득하다. 기온이 높은 간빙기* 시절에는 영구 동토층도 동식물이 살 수 있는 지역이었다. 보통의 대지처럼 생명이 태어나고 싹이 트면서 풀이 무성해지고 동물들이 번성했으며 동식물이 죽으면 차곡차곡 쌓여 미생물에 의해 분해되었다. 하지만 자연스러운 부패의 과정이 채 마무리되기 전에 땅이 얼어버렸다.

영구 동토층 일부 지역은 땅이 녹는 짧은 여름 동안 풀이나 이끼가 자란 후 다시 얼어버리는 일이 반복되고 있다. 그런데 만일 지구 온난화로 영구 동토층이 녹은 후 다시 얼지 않는다면? 문제가 이만저만이 아닐 수 없다. 영구 동토층이 녹으면 습지가 형성되고 그 안의 혐기성 미생물들이 죽은 동식물을 분해하면서 메탄을 발생시킨다. 지금까지는 그 많은 메탄이 물 밖으로 나오기 전에 모두 얼어버려 영구 동토층에 갇혔다. 하지만 영구 동토층이 녹기 시작해 더 이상 얼지 않으면 지하에 갇혀 있던 대량의 메탄이 뿜어져 나올 것이다. 또한 영구 동토층에 묻힌 죽은 동식물들이 온난화로 대기 중에 노출될 경우 다시 부패하거나 발효가 진행되는데 이 과정에서 다량의 이산화탄소가 배출될 것이다. 2019년 발표에 따르면 북극 및 아한대의 영구 동토층에 저장된 탄소량은 대략 1,460~1,600기가톤Gton으로 대기 중 탄소량의 두 배에 이른다.[39] 2020년 인간이 배출한 이산화탄소가 약 50기가톤인 것을 감안하면 상상할 수도 없는 엄청난

❋   간빙기: 빙하기에서 빙기 사이에 존재하는, 평균 기온이 전반적으로 따뜻한 시기를 말한다. 현재의 홀로세 간빙기는 약 1만 1,700년 전의 플라이스토세 말기 이후로 지금까지 계속되고 있다.

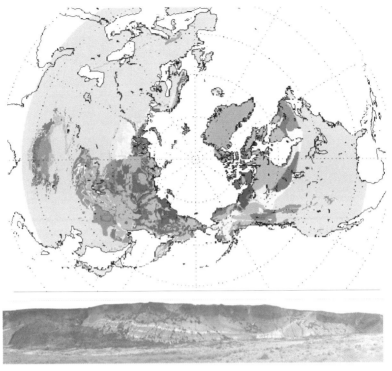

영구 동토층

양을 영구 동토층이 가둬두고 있는 셈이다.

북극 지역의 기온 상승은 육지보다 2.5배 정도 빠르게 진행되고 있다.[40] 티핑 포인트를 넘어 영구 동토층의 해동이 예측할 수 없는 수준으로 진행되면 지하에 묻힌 어마어마한 탄소가 걷잡을 수 없이 대기 중에 방출될 것이다. 인간이 배출한 이산화탄소가 지구 기온을 올리고 이로 인해 영구 동토층이 광범위하게 녹으면 다량의 메탄과 이산화탄소가 뿜어져 나오고 이는 다시 지구 기온을 강하게 밀어 올리는 악순환이 반복된다. 이를 기후학에서는 '양의 되먹임'이라고 하는데, 혹여라도 이 과정이 진행되면 인류가 할 수 있는 일은 아마 더 이상 없을 것이다.

시한폭탄 ②
메탄하이드레이트의 융해와 메탄의 대량 방출

'불타는 얼음'이라고 알려진 메탄하이드레이트는 세계 곳곳 대륙 주변부 깊은 해저의 퇴적층에 대량으로 매장되어 있다. 한국도 울릉도와 독도 부근에서 약 6억 톤이 매장되어 있는 것으로 측정되었다. 메탄하이드레이트는 온도가 낮고 압력은 높은 곳에서 형성되기 때문에 대부분 차가운 심해에서 볼 수 있다.

해저로 가라앉은 죽은 물고기나 플랑크톤, 해초가 혐기성 미생물에 의해 분해되면 메탄이 발생한다. 이때 발생한 메탄이 해저의 높은 압력으로 물 밖으로 나오지 못하고 주변 물 분자에 둘러싸이면 차가운 온도로 얼음처럼 보이는 결정체인 메탄하이드레이트가 만들어진다.[41]

메탄하이드레이트는 석탄, 석유보다 탄소 발생량이 적고, 매장량도 석탄, 원유, 가스를 합친 것보다 두 배 이상 많으며 세계 곳곳에 매장되어 있으므로 이를 잘 활용하자는 논의가 진행되고 있다. 일본은 상용화 연구가 상당히 진행되었고 한국도 동해의 메탄하이드레이트를 활용하기 위한 연구들을 진행하고 있다.

문제는 자연 상태에서는 안정적으로 유지되던 메탄하이드레이트가 지구 기온이 상승함에 따라 채굴도 하기 전에 메탄 분자와 물 분자로 분리될 위협에 처했다는 것이다. 그 위험성은 바다가 따뜻해지면서 확대되고 있다. 이미 언급한 대로 바다는 이산화탄소를 직접 흡수할 뿐만 아니라 열에너지도 흡수한다. 2014년 기후변화에 관한 정부간 협의체IPCC 자료에 의하면 1970년 이래로 지구온난화로 발생한 에너지의 90퍼센트 이상을 바다가 흡수해왔다.[42]

수온이 올라가면 메탄하이드레이트가 형성되는 조건인 저온을 유지할 수 없게 된다. 대략 3~4도로 수온이 유지되어야 하는데, 전반적인 수온 상승뿐 아니라 기후변화에 따른 난류의 유입으로 저온 조건이 무너지면 메탄하이드레이트 속 메탄 분자가 분리되어 수면으로 올라온다. 21세기 들어 북극해나 대서양 서남쪽 주변 대륙붕에서 메탄가스 거품이 발견되는 것도 이러한 해저 온도의 변화와 관련되어 있다.[43]

해저 퇴적층에 있던 메탄하이드레이트가 분출되면서 대륙붕*
곳곳에 거대한 싱크홀이 생기면 해양 지질의 안정성이 훼손되어 대

❀   대륙붕: 바닷물에 잠긴 대륙의 부분으로, 일반적으로 수심이 얕고 (대략 150미터) 해저면의 기복이 적은 비교적 평탄한 해저 지형을 말하며, 해안선에서 대륙붕단 (shelf break)까지의 해저 영역을 말한다.

류붕이 크게 붕괴할 수 있다. 또 갑작스러운 대륙붕의 파괴는 커다란 해일을 일으켜 해안가 거주 지역과 생태계를 일시에 파괴해버릴 수 있다.[44] 더욱이 대륙붕이 붕괴되면 더 낮은 지역에 있는 메탄하이드레이트를 건드리게 되어 연쇄적으로 메탄가스를 대량 분출하게 된다.

2억 100만 년경 트라이아스기 말에 폭우로 인한 대규모 멸종으로 지구 생물체의 80퍼센트가 사라졌고 이로 인해 당시 지구를 장악하고 있던 악어류 조상이 사라지면서 공룡이 최강자로 번성하기 시작했다. 갑작스러운 대멸종의 원인이 무엇인지에 대해서는 여러 가설이 있다. 그중 관심을 끄는 것이 바닷속 메탄하이드레이트의 대량 유출이다. 거대한 판게아*로 뭉쳐 있던 대륙들이 로라시아와 곤드와나 대륙으로 분리되는 과정에서 해저의 약한 부분을 찢고 화산이 폭발했으며 대규모 이산화탄소 배출과 함께 해저의 매장되어 있던 메탄하이드레이트를 건드리는 바람에 메탄이 대기 중에 크게 방출되었을 것으로 보는 것이다. 당시 바닷속은 이산화탄소와 메탄이 가득했고 산소가 극도로 부족하여 많은 해양 생물이 멸종했다. 이처럼 티핑 포인트를 넘어서는 순간 메탄하이드레이트가 대량으로 분출되는 일이 발생할 수 있다. 그렇게 되면 이후에는 상상할 수 없는

* 1912년 독일의 기상학자 알프레드 베게너는 지구상의 대륙이 수평적으로 이동해 왔다는 대륙표류설(대륙이동설)을 주장했다. 지리학적·고생물학적 자료를 이용해 대부분의 지질시대 동안에 대륙은 하나로 연결되어 있었다고 가정한 그는 이 대륙을 판게아라고 불렀다.

일들이 닥칠 수 있다.

시한폭탄 ③
남극과 북극 빙상의 융해

정확하게는 남극 대륙 빙상과 북극 그린란드 빙상이 되돌릴 수 없을 만큼 빠른 속도로 녹아버려 해수면이 상승할 것이다. 남극 대륙과 그린란드 빙상은 눈이 200~300년간 녹지 않고 계속해서 쌓여 압력에 의해 눈이 얼음으로 변한 것이다. 눈이 압력에 의해 얼음이 되는 과정이 반복되면서 대륙을 덮을 만큼 커지면 '빙상'이라고 하고 빙상이 계속 뻗어나가 바다 쪽으로 영역을 확대해 바다를 넓게 덮으면 '빙붕'이라고 한다. 우리가 잘 아는 빙산은 빙붕이 붕괴되어 바다에서 둥둥 떠다니는 걸 말한다.

수백만 년 동안 형성된 남극 대륙 빙상은 대륙 전체의 98퍼센트를 덮고 있다. 대략 1,360만 제곱킬로미터 정도 넓이인데, 우리나라 면적이 10만 제곱킬로미터인 것을 고려하면 한국보다 130배 이상 넓다. 빙상이 형성된 기간만큼이나 두께도 어마어마하다. 평균 두께가 2,160미터이고 가장 두꺼운 곳은 4,800미터나 되어 빙상 안에 1,916미터인 지리산을 2층으로 쌓는다 해도 공간이 남는다.[45]

이 남극 빙상이 전부 녹으면 어떻게 될까? 지구 표면을 덮고 있

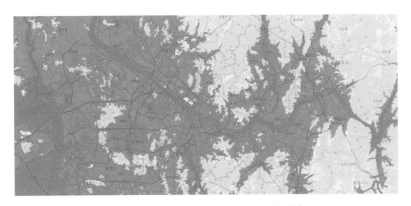

60미터 해수면 상승으로 침수된 서울과 인천

는 바다의 총면적은 3억 6,150제곱킬로미터다. 남극 대륙의 26배 정도 된다. 남극 대륙 빙상에 저장된 얼음, 즉 물의 부피는 약 2,856만 세제곱킬로미터 정도다(평균 빙산 높이와 넓이의 곱). 이 얼음이 모두 녹아 바다로 흘러갔을 때의 높이는 이미 계산된 남극 빙상 얼음의 부피를 바다 면적으로 나누면 된다. 이를 계산식으로 쓰면 다음과 같다.

$$2,856만 km^3 \div 3억\ 6,150 km^2 = 0.079 km$$

계산식에 의하면 남극 대륙 빙상이 다 녹았을 때의 높이는 약 80미터다.[46] 바다 밀도 등을 감안한다고 해도 아마 지금보다 대략 60미터 정도 해수면이 높아질 것이다.[47]

해수면이 상승했을 때 각 대륙 해안선이 어떻게 변하는지를 보여주는 컴퓨터 시뮬레이션도 여러 연구기관에서 진행되었다. 이에 따르면 남극 빙상이 모두 녹아 해수면이 60미터 상승했을 때 대한민국 서울은 남산 등 몇몇 높은 산봉우리를 제외하고는 대부분 바닷속으로 사라진다.[48] 서해와 가까운 인천과 부천시는 지도상에서 더 이상 볼 수 없을 것이다. 남극 빙상이 녹았을 때가 이 정도이니 그린란드 빙상까지 녹으면 어떻게 될까? 연구 결과에 따르면 그린란드 빙상이 녹을 경우 해수면이 7미터 정도 상승한다.[49]

참고로 대륙을 덮고 있는 빙상이 아닌 바다 위에 떠 있는 북극해 빙산은 해수면을 상승시키지 않는다. 얼음을 물이 들어 있는 컵속에 넣으면 물 높이가 올라가지만 시간이 지나 얼음이 모두 녹았을 때 물 높이를 다시 측정하면 큰 변화가 없는 원리와 같다. 즉 물의 성질이 고체에서 액체로 변한 것일 뿐 부피를 변화시키지는 않는다.

문제는 대륙에 쌓인 빙상이다. 지구로 들어오는 태양광은 빙상에 의해 반사되어 다시 우주로 나간다. 그런 이유로 극지방은 지구상 다른 지역보다 태양광을 많이 받지 못해 기온이 더 낮다. 하지만 지구온난화가 진행되어 빙상이 줄어들면 반사하는 태양광은 줄고 흡수하는 태양광이 늘면서 다른 지역보다 기온 상승이 더 빨리 진행된 것이다. 따라서 우리가 지구 평균 온도라는 평균치에만 집중한다면 극지방의 온도가 변화하는 속도를 간과할 수 있다. 실제로 위도별 온도 변화를 측정해보면 극지방일수록 지구온난화에 따른 온도 상승 과정이 더 속도가 빠르다.

빙상이 녹는 속도도 생각보다 빠르게 진행되고 있다. 흔히 우리는 빙상을 냉장고에서 볼 수 있는 육면체의 각 얼음으로 생각한다. 이러한 단순함은 몇 가지 오해를 낳는데 대표적인 것이 지구온난화로 빙상이 녹는 것을 각 얼음이 녹아 물이 되는 것으로 상상하는 것이다. 하지만 빙상은 복잡한 과정을 거쳐서 녹는다. 기온이 올라 빙상 표면에 있던 눈과 얼음이 녹으면 주변보다 어둡게 되고 이로 인해 태양빛을 더 많이 흡수한다. 태양빛을 흡수한 부분의 온도가 상승하면 녹는 부위가 점차 확대된다. 이를 일명 알베도플립albedoflip(지구의 태양빛 반사율)이라고 한다.[50]

한편 얼음이 녹아 강처럼 물이 흐르는 상황까지 가면 빙하 군데군데 물랭Moulin이라는 얼음 구멍을 통해 빙하 밑바닥까지 물이 흘러넘친다. 이때 얼음 밑의 물이 윤활유 역할을 하여 빙하가 바다 쪽으로 미끄러지는데 이러한 과정에서 마찰로 인해 얼음 밑이 녹게 되면 미끄러짐은 더욱 빨라진다. 결과적으로 빙하는 우리가 생각하는 것보다 엄청나게 빨리 녹을 것이다.

실제로 밝혀진 빙하기와 간빙기의 변화 주기에 따르면 빙상이 커질 때는 천천히 이루어지는 반면 융해될 때는 빠르게 진행되었다. 결국 지구온난화로 빙상의 녹는 속도가 빨라지면 우리의 예측 범위를 크게 초과할 것이다. 특히 그린란드 빙상은 남극에 비해 더 취약한 상황이다. 티핑 포인트를 넘어서 빙상의 융해가 가속화하면 인류는 급격히 솟아오르는 해수를 피해 내륙으로 유랑하는 유목민이 될 것이다.

시한폭탄 ④
자정 기능을 잃은 바다

마지막 시한폭탄은 바다 그 자체다. 한국보다 높은 위도에 위치한 영국이 더 온난한 이유는 멕시코 만류가 북대서양을 가로질러 따뜻한 기온을 전달하기 때문이다. 멕시코 만류의 흐름은 거대한 해양 컨베이어 벨트 움직임의 일부분이다. 적도에서 데워진 해류, 즉 멕시코 만류는 차가운 그린란드로 흐르는데 도중에 태양 빛을 받아 자연스럽게 증발이 일어나면 해류 속 염도의 농도가 점점 짙어진다. 그린란드에 도착하면 주변의 낮은 기온으로 표면의 해양이 얼어붙어 빙산이 만들어지는데 이때 소금을 뺀 민물 성분만 얼게 되므로 해류의 염도는 더욱 짙어진다.

차갑고 짙은 염도로 무거워진 표면의 바닷물이 심해 바닥으로 가라앉으면서 심해에 있던 바닷물을 도미노처럼 연쇄적으로 밀어내면 그 과정에서 해류가 만들어지고 이 해류가 남극을 돌아 태평양을 거쳐 다시 북대서양으로 되돌아오기까지 천 년이 걸리는 '해양 컨베이어 벨트'가 형성된다.[51] 여기에 지구 자전에 의한 위도별 바람의 방향과 대륙과 해양 간 온도 차이에 의한 공기 흐름이 융합되어 우리에게 익숙한 다양한 기후가 형성되는 것이다.

문제는 그린란드 빙상과 북극 빙산의 대규모 융해에 있다. 염도가 낮은 물이 북극 지역에 대규모로 유입되었을 때 전 지구적인 해양 컨베이어 벨트의 흐름이 멈출 수 있기 때문이다. 지구온난화로 올라

간 열에너지를 흡수한 바다는 원활한 해류 흐름을 통해 열에너지를 심해까지 고루 분산시키면서 차가운 성질을 유지하고 지구 평균 온도 상승을 제어해왔다. 그러나 바다가 멈추고 열 흡수 능력이 떨어지면 지구 평균 기온은 더 빨리 오르고 이에 따른 기후변화의 속도는 상상도 못할 만큼 빠르게 진행될 것이다.

과거의 기후변화 패턴을 생각해보면 멕시코 만류의 흐름이 멈추면 영거 드라이아스기* 때처럼 일시적으로 북반구의 일부 지역에 한랭화가 올 수 있다. 하지만 현재 인간이 유발한 지구온난화는 엄청난 양의 이산화탄소가 대기 중에 쌓이면서 유례없는 속도로 온도가 상승하고 있기 때문에 한시적으로 기온이 하강하는 것보다는 오히려 해양 컨베이어 벨트의 흐름이 끊겨 해양의 열 흡수 능력이 현격히 떨어지는 걸 더 걱정해야 한다.

해양의 표층수와 심해수 간 교류가 원활하지 못하면 표층의 산소가 심해로 전달되지 못해 심해 바다 생물이 대규모로 폐사할 수 있다. 해류 흐름을 통해 심해의 영양분이 표층으로 제공되지 못하면 어류의 생산량도 감소할 것이다. 정말 큰 문제는 심해에서 분출되는 황화수소다. 심해로 산소가 전달되지 못해 어류 등 바다 생물이 폐사하면 부패되는 과정에서 황화수소가 발생할 텐데[52] 해류의 원활한 움직임으로 황화수소가 표면으로 이동하여 산소 등과 만나 산화하면 별문제 없지만 바다가 고인 상태에서 산소 고갈과 독극성이 있

---

* 　영거 드라이아스기: 마지막 빙하기 최후부가 끝나고 온난화가 진행된 마지막 아빙기 이후에 일시적으로 다시 빙하기 상태가 돌아온 시기를 가리킨다.

는 황화수소 농도가 짙어지면 주변 바다 생물에게 치명적인 영향을 주기 때문이다. 황화수소로 죽은 어류가 부패하여 황화수소 배출이 많아지고 이 농도가 짙어질수록 죽음의 영역이 확대되는 악순환에 직면하는 것이다.

지구상에서 96퍼센트의 종이 사라진 페름기* 대멸종도 급격히 늘어난 황화수소가 주된 원인 중 하나였다.[53] 지구 생명의 원천인 바다가 죽음의 늪으로 변하면 인류의 생존 확률은 더 낮아질 수밖에 없다.

---

* 페름기: 고생대의 마지막 시기로, 약 2억 9,890만 년 전부터 2억 5,190만 년 전 까지의 시기다. 디메트로돈, 에다포사우루스 등 반룡목과 에리옵스, 디플로카울루 스같은 양서류, 고시하강과 신시하강의 곤충이 번성했으며, 완전 탈바꿈을 하는 원시 내시류 곤충들이 등장했다. 당시 지구 생명체의 약 96퍼센트가 멸종한 페름기-트라이아스기의 대량 절멸로 막을 내린다. '페름'이라는 이름은 러시아 페름 지방에서 따왔다.

2부

지구온난화의
범인 찾기

NET ZERO

탄소 중립과 이산화탄소

━━━━━━ **탄소 중립이란 무엇인가** ━━━━━━

2021년 영국 글래스고에서 열린 제26차 유엔기후변화협약당사국총회COP26에서 대한민국은 2050년 탄소 중립을 위해 2030년까지 2018년 대비 40퍼센트의 온실가스를 감축하겠다고 국제사회에 선언했다. 이후 우리나라의 언론과 광고에서는 '탄소 중립'이라는 단어를 심심치 않게 볼 수 있었다. 심지어 한 명품 핸드백 브랜드에서는 '탄소 중립 가방' 상품을 출시하고, 해당 제품의 제작과 유통 단계에서 현저히 탄소 배출을 감소시킨 경로를 공개하는 마케팅을 했다.[54]

언론과 매체에서 끊임없이 탄소 중립을 외치고 있지만, 탄소 중립이 정확하게 무엇을 의미하고 우리 일상에 어떤 영향을 미치는지 알고 있는 사람은 많지 않다. 2021년 문화체육관광부의 탄소 중립 여론 조사를 보면 '탄소 중립 용어를 들어봤다(95.9퍼센트)'는 사람 중 정확한 탄소 중립의 개념과 의미를 아는 사람은 44.1퍼센트에 불과했다.

'탄소 중립Carbon Neutrality'이라는 용어는 다소 모호성이 있지만 국제적으로 통용되는 용어라서 현재 우리 정부도 법률 등에 이를 공식적으로 사용하고 있다. 조금 더 자세하게 풀어 정리한 「기후 위기 대응을 위한 탄소 중립·녹색성장 기본법」(2021년 제정)에서는 '탄소 중립'을 "대기 중에 배출·방출 또는 누출되는 온실가스의 양에서 온실가스 흡수의 양을 상쇄한 순 배출량이 영㋿이 되는 상태(넷제로)"로 정의하고 있다. 쉽게 말하면 대기 중에 배출된 온실가스 양만큼 이를 흡수해 실질적인 탄소 배출량이 0이 되는 상태를 말한다.

온실가스란 무엇인가

온실가스는 지표면에서 우주로 발산하는 적외선 복사열을 흡수하거나 반사할 수 있는 지구를 둘러싼 기체를 말한다. 온실가스 자체는 지구의 온도를 일정하게 유지해주는 '온실화 효과'라는 순기능을 가진 매우 중요한 요소다.

문제는 산업혁명 이후 인간의 무분별한 화석연료의 사용으로 온실가스가 필요 이상으로 넘쳐나 기후를 변화시키고 지구의 생태계를 파괴하고 있다는 사실이다. 탄소 중립을 위해 반드시 줄여야 하는 온실가스로는 이산화탄소, 메탄CH_4, 아산화질소N_2O, 수소불화탄소 $HFCs$, 과불화탄소$PFCs$, 육불화황SF_6 등이 있다. 이중에서 이산화탄소는 온실가스의 주범이라는 별칭이 붙었는데 그 이유는 엄청난 발생량 때문이다. 인간의 삶에 필요한 물건을 생산하기 위해 인위적으로 만들어지는 이산화탄소의 양은 대기 중에 배출되는 온실가스 중 가장 많은 80퍼센트를 차지한다. 이 때문에 지구온난화에 영향을 미치는 온실가스를 분류할 때 배출량이 가장 많은 이산화탄소를 기준 지표로 다른 온실가스를 분류한다. 다만 이산화탄소는 양적으로 많은 비중을 차지하고 있지만, 지구온난화 영향으로 보면 메탄은 이산화탄소의 21배, 아산화질소는 310배, 육불화황은 무려 2만 3,900배에 달하는 영향을 준다고 알려져 있다.

지구온난화에 따른 기후변화에 대처하기 위하여 1992년 6월 리우회의에서 채택한 국제 협약인 「유엔기후변화협약$UNFCCC$」에서는 매년 배출되는 온실가스량을 이해하기 쉽고 나라 간 비교가 가능하도록 메탄, 아산화질소, 수소불화탄소, 과불화탄소, 육불화황의 배출량을 지구온난화 지수를 통해 이산화탄소 배출량으로 환산하도록 하고 있다. 이 국제협약에 따라 온실가스 배출량을 표시할 때는 이산화탄소환산톤이라는 단위를 사용한다.

예를 들어 2018년 전 세계 온실가스 배출량이 489억 톤이라는 것은 위 다섯 개의 온실가스를 이산화탄소로 환산한 배출량과 이산화탄소 배출량을 더한 값이 489억 톤이라는 의미다.

온실가스별 지구온난화 지수[63]

온실가스	지구온난화 지수	대기 중 체류 시간(년)
이산화탄소	1	100~300
메탄	21	12
아산화질소	310	114
수소불화탄소	140~11,700	1.4~270
과불화탄소	6,500~9,200	1,000~50,000
육불화황	23,900	3,200

이산화탄소는 화석연료를 태울 때 대량으로 발생한다. 인간의 생활은 화석연료인 천연가스, 석유, 석탄을 에너지원으로 사용한다. 음식을 조리할 때, 자동차를 타고 다닐 때, 여행을 하는 등 대부분의 일상생활에서 사용하는 에너지와 연료의 사용으로 이산화탄소가 배출되고 있다.

이산화탄소 다음으로 온실가스의 17퍼센트 비중을 차지하는 메탄은 농축산 분야에서 가장 많이 배출된다. 그중 농업에서는 아시아 지역의 벼농사 농법인 '논에 물을 가두는 농법'이 메탄을 발생시키는 원인으로 알려져 있다. 논에 물을 가두어 농사를 지을 경우 물속 혐기성균인 메테인Methane균이 유기물을 분해하는 과정에서 메탄이 배출된다. 축산업에서도 메탄이 발생한다. 인간의 육식을 위해 길러지는 소는 2021년을 기준으로 전 세계적으로 약 15억 마리로 추정된다.[55] 소는 음식을 소화하는 과정에서 방귀와 트림을 통해 가스를 배출하는데 이 과정에서 상당량의 메탄이 배출된다. 또한 땅에 매립된 쓰레기의 유기물이 분해되면서 나오는 메탄도 상당하다.

메탄의 뒤를 잇는 배출가스는 '아산화질소'다. 아산화질소는 농업에서 사용되는 비료의 주성분인 질소가 분해되면서 대량으로 발생한다. 화학비료는 농업 생산량을 획기적으로 늘리며 안정적 먹거리를 제공한 식량 혁명을 일으켰지만 지구온난화를 막고 탄소 중립을 지키기 위해서는 질소비료 사용을 제한해 생산량의 감소를 일정 부분 수용하지 않을 수 없다.

나머지 세 개의 온실가스는 일명 'F-gas'라고 하는데, 인공적인 합성을 통해 만들어진 가스들로 주로 산업 공정에서 많이 사용된다. 특히 육불화황은 반도체 공정에서 불순물을 세척하는 용도로 사용된다. 최근 들어서는 육불화황의 대체 물질로 '삼불화질소$_{NF_3}$'를 사용하는데, 현재는 온실가스로 분류되지 않으나 온난화 영향이 높아 앞으로 온실가스로 지명될 가능성이 매우 크다. 반도체가 산업 전반에 중요한 자리를 차지하고 있는 우리나라 입장에서는 하루빨리 대안을 찾지 않으면 탄소 중립 실현 과정에서 부담을 느낄 수밖에 없는 현실이다.

온실가스 배출 문제는 인간이 현대 문명사회의 편리를 위해 만들어진 모든 인간 활동으로 초래되었다. 자연적인 탄소 순환 시스템에 의해 발생한 가스 이외에 지구가 흡수할 수 있는 한계를 초과한 탄소는 기형적인 탄소 덩어리가 되고, 그 태워진 가스는 고스란히 대기 중에 남아 지구온난화를 일으킨다. 이른바 악순환이 반복되는 것이다.

탄소 중립을 위해서는 기본적으로 이 여섯 가지 온실가스 배출을 상당 부분 줄여야 한다. 인류가 현재의 산업 발전과 문명의 혜택을 얻는 과정에서 온실가스의 배출은 불가피했다. 특히 에너지 효율성이 높은 화석연료를 사용하는 엔진 체계와 석탄 발전소에서 생산된 값싼 전기, 화학비료로 대량생산된 낮은 가격의 식량 작물은 현대 인간 활동의 근저를 이루고 있다. 하지만 이 여섯 가지 온실가스를 줄이는 과정에서 발생하는 여러 문제를 슬기롭게 대처하는 것이 우리에게 주어진 과제가 되었다.

2010년부터 2019년까지 인간 활동으로 배출된 이산화탄소는 연평균 399억 톤에 달한다. 이 중 217억 톤은 지구가 흡수했지만 흡수 안 되고 남은 187억 톤은 매년 고스란히 대기에 차곡차곡 쌓였다.[56] 또 온실가스가 초래한 지구온난화로 인해 1995년부터 2020년까지 25년 동안 바다로 쏟아진 에너지량은 제2차 세계대전 당시 일본 히로시마를 완전히 파괴했던 핵폭탄이 같은 기간 동안 36억 차례 폭발한 것과 맞먹는다고 한다.[57]

자연과 어울려 살아가는 대부분의 생명체는 산소를 기반으로 호흡하고 부산물로 온실가스의 대표주자로 불리는 이산화탄소를 내뿜는다. 인간을 포함한 동물과 심지어 미생물까지 산소호흡을 통해 얻은 에너지를 활용해야만 생존 활동을 지속할 수 있다. 지구상의 모든 생명체는 이런 '자연적인 이산화탄소'를 끊임없이 배출하고 있다.

탄소 중립은 자연적인 배출을 제외하고 인류가 배출하는 탄소의 양을 어떻게 상쇄할 것인가에 대한 방법론적 과제다. 탄소 중립은 이처럼 대기 중의 이산화탄소가 계속 쌓여 인류가 파국으로 치닫기 전에 자연적으로 흡수되어야 할 양 이상의 탄소를 대기 중에 배출하지 않도록 인간이 작정하고 노력해야 할 과제라 할 수 있다.

이산화탄소, 악당이 되다

앞서 말했듯 온난화의 주범으로 인식되는 온실가스는 '이산화탄소'다. 이산화탄소를 구성하는 요소 중 가장 중요한 탄소는 수소, 헬륨, 산소 다음으로 지구상에 풍부하게 존재하며 어디서나 쉽게 발견할 수 있는 물질이다. 우리 몸의 세포만 봐도 산소(65퍼센트) 다음으로 많은 부분을 탄소가 차지(18퍼센트)하고 있다.

탄소는 다른 원소들과 결합하기 쉬운 특징을 가지고 있어 수소, 산소, 질소 등과 같은 원소들과 결합해 있는 경우가 흔하다. 즉 탄소는 다양한 결합 형태(단일 결합, 이중 결합, 삼중 결합)를 통해 수백만 종의 물질로 만들어진다. 자연 또는 인공적인 화합물이 약 7,000만 개 정도인데 80퍼센트 정도가 탄소화합물이다.[58] 대표적으로 쌀, 밀 등 식량 작물도 탄소화합물인 포도당으로 이루어져 있다. 우리가 연필심으로 사용하는 흑연이나 값비싼 다이아몬드도 순수한 탄소가 서로 결합해 만들어진 것이다. 탄소가 없으면 지구도 인간도 존재할 수 없다. 그만큼 탄소는 중요한 원소다. 탄소는 대기 중에 산소와 결합하여 이산화탄소로 존재하며 바다에서는 수소, 산소와 결합된 형태인 탄산이온으로 주로 존재한다.

이산화탄소는 지구가 처음 생겼을 때부터 역사를 같이해왔다. 원시지구가 만들어진 시기로 돌아가보면, 수증기와 이산화탄소가 대기를 가득 메우고 있다. 산소는 없고 무거운 이산화탄소 덩어리가 원시 지각을 짓누르고 있다. 그러다 유성 충돌이 잦아들면서 지구가 서서히 식어갔고 그 덕에 대기를 가득 메운 수증기도 서로 엉겨 붙으면서 비가 되어 원시 지각에 내리기 시작했다.[59]

수백만 년 동안 내린 비는 원시 바다를 만들었다. 150도 정도의 뜨거운 바다와 지각이 화학반응을 일으켜 산성이었던 바닷물이 점차 중화되었다. 그러자 이산화탄소가 시시히 바닷물에 녹아들기 시작했다. 이때 이미 바닷물에 녹아 있던 칼슘이나 마그네슘과 반응하여 탄산염이 만들어지고 이것이 바다 깊숙이 침전되면서 이산화탄소를 가두어버리게 된다. 광합성을 하는 남세균이 나타난 이후부터는 이산화탄소를 유기물로 변화시키는 방법으로 이산화탄소를 저장했다.[60]

육지에 식물이 번성하면서부터는 해양, 육지 모두에서 이산화탄소를 빠르게 제거할 수 있었다. 특히 석탄기 시대에는 이산화탄소를 체내에 고착시킨 식물들이 대규모로 땅에 묻혀 고압으로 석탄화되면서 이산화탄소를 영원히 지구 내부로 격리시킬 수 있었다.

이러한 과정을 거쳐 오늘날 산소가 풍부하고 이산화탄소는 적은 대기가 구성되었고 인류를 포함한 지구상 생물체들이 번성할 수 있는 환경이 제공되었다.

한 연구에 따르면 열대지역의 지각변동으로 해양에 지각이 새롭게 융기하면서 암석에 있던 칼슘과 마그네슘이 대기 중의 이산화탄소와 화학적 풍화작용을 일으키는 바람에 대기 중 이산화탄소 농도가 오히려 현저히 떨어져 지구 전체가 얼어붙는 빙하기가 도래하기도 했다.[61]

대표적으로 지구 생명체의 85퍼센트 정도의 멸종을 초래한 오르도비스기 후기(4억 5,000만~4억 4,000만 년 전)의 빙하기를 지각변동의 결과로 보고 있다. 물론 화산 활동을 통해 대기 중 이산화탄소 농도가 점차 높아지면서 다시 해빙기 시대를 맞이하게 되는데, 마치 좌우로 흔들리는 진자가 차츰 움직임을 멈추고 안정된 상태로 접어드는 것처럼 지구는 극단적인 온도를 오가다 점차 안정화되는 과정을 거듭했다. 대략 1만 년 정도 지속되고 있는 현 세기인 홀로세*는 이산화탄소 농도와 기온의 큰 변화 없이 인류가 적당히 지낼 수 있는 환경을 만들어주고 있다.

온실효과는 태양 빛이 지표면에 흡수되고 다시 방출될 때 나오는 열적외선을 이산화탄소가 흡수하기 때문에 일어난다. 이산화탄소 분자가 열적외선을 흡수하면 분자를 구성하고 있는 산소와 탄소

❋　　홀로세: 신생대 제4기의 마지막 시기다. 약 1만 년 전부터 현재까지를 이른다.

원자가 진동을 일으키면서 분자 전체를 회전시킨다. 이러한 진동과 회전의 움직임은 주변 이산화탄소 분자에 영향을 미치게 되고 진동이 점차 확대되면 주변의 공기가 점점 뜨거워진다. 즉 온실효과가 나타난다. 반면 현재 이산화탄소보다 훨씬 큰 비중으로 대기를 구성하고 있는 질소나 산소는 한 종류의 원자로만 구성되어 있어 열적외선을 흡수하지도 진동하지도 않아 지구온난화에는 크게 영향을 미치지 않는다.[62] 결국 이산화탄소를 적당한 수준으로 유지하는 것이 지나친 온실효과를 막고 지구의 균형을 지속시키는 지름길이다.

하지만 이미 언급했듯이 이러한 균형은 1800년대 중반부터 파괴되기 시작했다. 인류는 산업혁명을 거치면서 석탄기에 대량으로 매립된 화석연료를 대량으로 태워 대기 중 이산화탄소 농도를 급격하게 상승시키며 그동안 대기 중에 적정한 이산화탄소 농도를 유지해온 지구의 사정 능력을 무력화시켰다.

이제는 인류가 이산화탄소 농도를 결정하는 지위를 확보함으로써 오히려 현재 지구상 생명체가 한 번도 경험해보지 못한 위험 지대로 성큼 다가섰다. 인류가 자연을 지배할 수 있다는 오만함을 과시하는 순간, 아이러니하게도 우리의 생사여탈권은 지구 연대기상 대멸종을 야기했던 최후의 악당인 이산화탄소에게 넘어가고 말았다. 그렇다면 가만히 잠자고 있던 이산화탄소를 깨워 다시금 활개치게 한 책임은 누구에게 있을까?

산업혁명,
모든 것의 시작점

제임스 와트의 주전자

산업혁명을 언급할 때 자주 등장하는 이야기는 제임스 와트의 주전자다. 모두가 알고 있듯 이야기의 진짜 주인공은 제임스 와트가 아닌 난로 위의 물이 가득 찬 주전자다. 제임스 와트가 주전자 속 물이 끓어오를 때 뚜껑이 들썩이는 걸 보고 증기기관의 원리를 생각해 냈고 그것이 증기기관의 발명으로 이어졌다는 이야기는 상당히 많이 알려져 있다.

하지만 영국에서는 제임스 와트가 태어나기도 전에 이미 증기기관이 만들어져 가동되고 있었다. 토머스 세이버리Thomas Savery가 제작한 초기 모델을 개량해 나름 효율성을 향상시킨 토머스 뉴커먼Thomas Newcomen의 증기기관이 당시 광산에 설치되어 열심히 물을 퍼 올리고 있었다.[64] 그러나 뉴커먼 증기기관은 효율성이 높지 못했다. 작동 원리도 지나치게 복잡했다. 뜨거운 증기로 피스톤을 밀어올린 후에 실린더 속에 물을 분사해서 열기를 식히고, 이후 실린더 내부 압력이 외부 대기압보다 낮아져서 피스톤이 다시 원래 자리로 내려오면, 다시 피스톤을 밀어올리기 위해 더 많은 석탄을 사용해야 했다.

제임스 와트는 스코틀랜드 글래스고대학에서 수리공으로 일한 덕분에 대학 소유의 뉴커먼 증기기관에 대한 수리를 의뢰받을 수 있었다. 뉴커먼 증기기관의 작동 원리를 살펴보며 뉴커먼 증기기관의 문제점을 연구한 그는 실린더 속의 증기를 식히지 않고 증기의 주입과 배출을 통해 피스톤이 움직이는 획기적인 방법을 찾아내면서 증기기관의 효율을 엄청나게 향상시켰다.

제임스 와트의 증기기관이 스태포드셔 탄광에 설치된 후 지하에 가득한 물은 순식간에 퍼 올려졌다. 이후 효율성이 날로 개선되어 크기가 점차 작아지면서 석탄 소비량도 줄었다. 제임스 와트의 증기기관은 광산뿐 아니라 밀가루 면화, 종이 공장에까지 확산되었다.[65]

증기기관과 석탄의 시대가 열리다

19세기에 들어와서는 도버해협을 건너 프랑스, 독일, 벨기에 등에도 증기기관이 들어섰고 증기철도와 증기 선박이 개발되어 서구 사회 곳곳에 증기기관이 자리 잡았다. 특히 19세기 중반 이후 한 번 가열된 증기를 여러 피스톤 작동에 활용할 수 있는 복합 증기기관이 확산되자 그야말로 증기기관의 시대가 열렸다. 당시에는 강력한 증기기관이야말로 인류에게 장밋빛 미래를 선사해줄 과학기술의 승리라고 여겨졌다. 한때 자연을 동경하는 아르누보 양식이 미술과 디자인에 등장하기도 했지만 과학기술에 바탕을 둔 미래주의와 모더니즘에 금세 자리를 양보했다.

한편 풀무질용 증기기관과 담금질용 증기기관이 제철업에 도입된 이후에는 강도 높은 철이 대량으로 생산되었다. 이렇게 생산된 철로가 영국과 미국, 유럽의 주요 도시를 중심으로 전국적으로 깔리면서 힘 좋은 증기철도가 시커먼 연기를 내뿜으며 대륙 구석구석을 누볐다. 증기기관이 상용화될수록 석탄 수요도 기하급수적으로 늘었다. 다행히 전문적인 광산업자들의 노력으로 석탄은 계속 발견되었고 예전보다 성능이 좋은 기계를 사용해 광산을 개발할 수 있게 되면서 값싼 석탄을 계속해서 공급할 수 있었다. 그야말로 증기기관과 석탄은 신이 인류에게 준 크나큰 선물이었다. 인류는 거리낌 없이 수많은 먼지와 이산화탄소를 대기로 쏟아냈다.

유럽 국가들과 미국은 질 좋은 철로 대포, 총기 등 무기를 본격 개량하면서 전과 비교해 훨씬 성능이 뛰어나고 튼튼한 무기를 갖추었다. 1884년에는 최초의 기관총이 개발되어 분당 600발 넘게 발사하게 되었고, 소총의 사정거리도 1800년대 초에는 약 91미터 정도

였으나 후반에는 10배가량 늘어나는 등 전쟁 무기의 획기적인 발전이 이루어졌다.[66]

역사가 말해주듯 서구는 이렇게 만들어진 전쟁 무기를 아시아와 아프리카 지역을 무력으로 식민지화하는 데 썼다. 식민지를 간신히 벗어난 국가들에 대해서는 그 나라의 재정과 통상 정책을 장악하여 서구의 상품이 낮은 관세로 쏟아져 들어올 수 있는 길을 확보했다.

이러한 방식은 증기기관으로 대량생산한 물건을 소비시킬 독점적 시장을 선점하는 것뿐만 아니라 고무, 주석, 구리 등 원자재를 값싸게 확보하는 데도 매우 효과적이었다.[67] 대부분의 아시아 국가가 농경사회에 머물며 오랜 관습에 묶여 있었던 것처럼 19세기 중반의 조선도 비슷했다. 외척의 세도정치로 나라 전역이 피폐해지고 유학에 뿌리를 둔 사대부들의 폐쇄적인 시각 탓에 서구와 같은 과학기술의 발달은 요원했다. 당시 일본을 제외한 아시아 국가들은 증기기관을 통해 경제를 발전시켜 이산화탄소를 대량으로 배출할 여력이 없었다. 더욱이 서구는 식민지나 힘이 약한 국가들이 경쟁력을 가질 만한 산업을 육성하지 않도록 정책을 추진했기 때문에 산업혁명이 시작된 이후 식민지 지배 체제가 끝난 제2차 세계대전까지도 대기 중 이산화탄소 농도의 증가는 대부분 서구 사회의 책임이라고 할 수 있다.

식민지와 통상정책을 통해 시장이 확대되자 더 많은 증기기관이 더 오랫동안 작동하며 이산화탄소를 쉴 새 없이 뿜어냈다. 대기 중 이산화탄소 농도가 급격히 올라갈수록 서구 사회의 풍족함은 넘쳐났다. 식민지 정책은 논외로 치더라도 그때까지만 해도 서구 사회는 거리낌 없이 엄청난 이산화탄소를 배출하며 경제발전의 이익을 풍족하게 누렸다. 가령 영국의 1인당 국민소득 변화를 살펴보면, 1700년대 들어 서서히 증가하던 것이 1850년대를 기점으로 폭발적으로 증가하기 시작한 것을 볼 수 있다. 증기기관이 서구 사회에 보편화되고 식민지를 통해 본격적으로 부가 쌓이기 시작한 시기부터 영국 국민들의 소득 수준이 가파르게 상승한 것이다. 그야말로 증기기관의 혜택을 당시 세계 최강 국가인 영국을 위시한 서구 국가들이 누렸다고 볼 수 있다.

자동차 대량생산과 석유의 시대

시대를 풍미한 증기기관도 19세기 말에 이르자 서서히 내연기관에 자리를 내줘야 하는 상황이 되었다. 1886년에 카를 벤츠Carl Benz가 가솔린엔진이 장착된 최초의 자동차에 대한 특허를 얻어냈고, 1897년에는 디젤엔진이 개발되었다.[68] 달리는 기차에서 사람이 석탄을 퍼서 쏟아부어야 하는 증기기관과 달리 액체 연료로 움직이는 내연기관은 편리함과 효율성 측면에서 증기기관을 앞질렀다.

획기적인 터닝포인트는 미국에서 자동차회사를 설립한 헨리 포

19세기 말까지 이산화탄소 배출량 및 배출 국가

영국 1인낭 국민소득 변화

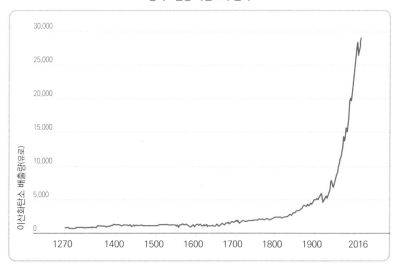

드가 '모델 T'를 대량으로 생산하여 저가로 판매한 데 있다. 1908년에 출시되고 1927년 단종될 때까지 무려 1,500만 대가 판매된 모델 T의 성공으로 석유의 시대가 시작되었다.[69]

당시 자동차 산업은 전체 산업에서 1위를 차지했다.[70] 덩치 큰 화물차와 선박에 디젤엔진을 설치하자 이제 증기기관은 석탄 발전소를 제외하고 점점 찾아보기 힘들게 되었다.

이러한 변화의 시작은 서구였고 변화로 인한 혜택도 온전히 서구가 누렸다. 내연기관이 장착된 엔진의 효율성이 향상될수록 생산량은 더욱 증가했고 20세기 중반까지 서구 열강들은 식민지를 통해 부를 차곡차곡 쌓을 수 있었다. 날이 갈수록 화석연료인 석유도 내연기관과 한 몸이 되어 쉴 새 없이 이산화탄소를 대기 중에 배출했다. 이렇게 쌓은 부는 선진국의 토대를 만드는 데 매우 중요한 요소로 작용했으며, 이를 바탕으로 끊임없는 경제성장을 추구할 수 있었다. 서구 사회는 제1, 2차 세계대전을 겪었음에도 식민지 시대에 축적한 자산을 토대로 오늘날까지 선진국으로서의 위상을 누리고 있다. 이미 상속받은 것이 많은 금수저 국가들은 21세기 들어서도 여전히 금수저로 살고 있다. 단지 한국, 싱가포르, 대만만이 극소수의 예외 사례일 뿐이다.[71]

이처럼 식민지 정책과 무력에 근거한 대외무역을 통해 20세기 이전부터 부를 축적해온 국가들이 여전히 세계 강국으로 입지를 공고히 해온 현실을 보면, 19세기부터 엄청난 이산화탄소를 배출해온 서구 국가들이 오늘날 그토록 이산화탄소를 줄이기 위해 노력하는 것이 혹시 과거의 행동에 대한 반성과 책임으로부터 나오는 것은 아닐까 하는 생각을 해본다.

아시아 국가들, 고민에 빠지다

제2차 세계대전이 끝난 이후 서구의 식민지였던 아시아 국가들도 하나둘 독립을 쟁취하면서 경제성장의 길을 걷기 시작했다. 변변찮은 산업 기반이 부족했던 아시아 국가들은 값싼 노동력으로 서구의 제조업들을 유치하기 시작했다. 중국도 폐쇄적인 공산주의 사회에서 벗어나 1978년 12월부터 개혁개방 정책을 추진했다.

한국도 6·25선생으로 모든 산업 기반이 파괴된 상황에서 1970년대 들어 본격적으로 수출형 산업화에 박차를 가했다. 아시아 국가들은 값싼 인력을 충분히 공급할 수 있다는 장점을 살려 처음에는 큰 기술력이 필요하지 않은 신발, 가발, 의류 등의 산업을 육성해나갔다. 이후 온실가스를 많이 배출하는 중화학공업이 자리를 대체했다. 특히 한국, 중국, 인도 등은 비용과 가격 경쟁력을 앞세워 세계 시장에서 우위를 확보해나가기 시작했다. 식민지 시대에는 효과적인 통치를 위해 전략적으로 중요한 곳에만 도시가 발전했다면 산업이 발전함에 따라 아시아 국가에서도 서구처럼 빠르게 도시화 현상이 일어났다.

인구가 도시로 모여들자 거주할 곳을 마련하기 위해 도시 곳곳에 건물들이 생겨났다. 생활 수준이 점차 높아지면서 기본적인 위생 시설과 부엌 시설이 겸비된 주택에 대한 수요와 공급이 급작스럽게 증가했고, 이 모든 것이 철과 시멘트의 끊임없는 공급을 요구했다. 1990년대에 들어서자 아시아 지역은 세계가 필요로 하는 대부분의 물품을 값싸게 공급하는 공장으로 확고하게 자리를 잡았다. 늘어나는 전기를 충당하기 위해 석탄 발전소가 우후죽순 건설되어 쉴 새 없이 이산화탄소를 대기 중에 배출했다.

　　1990년대 들어 영국을 포함한 유럽 국가들은 경제성장했는데도 이산화탄소 배출량이 줄어들었다. 여전히 엄청난 양의 이산화탄소를 배출하는 미국도 2005년을 기점으로 이산화탄소의 배출량이 줄기 시작했다. 이제 세계의 시선은 아시아 국가들을 향해 있다. 특히 중국, 한국, 인도 등을 포함한 제조업 중심 국가들이 배출하는 이산화탄소에 대해 우려의 시선이 높다. 특히 중국과 인도는 2020년에 무려 106억 톤, 24억 톤의 이산화탄소를 배출하여 각각 1위와 3위를 차지했다.[72] 더욱이 1750년부터 2020년까지 주요 국가들이 배출한 이산화탄소량을 모두 더했을 경우 중국은 미국과 유럽연합 다음의 위치를 차지하고 개별 국가로서는 미국 다음으로 많은 이산화탄소를 배출해왔다.[73] 2021년 국내총생산GDP 순위에서 중국과 인도가 각각 2위와 6위를 차지하고 경제성장률도 각각 8.1퍼센트와 8.9퍼센트로 상당히 높은 점을 감안하면 앞으로 이 두 나라가 배출할 이산화탄소는 이전 서구 사회의 배출량을 초과하게 될 것이다.[74]

한국도 중화학공업이 본격적으로 육성되기 시작하면서 급격한 상승곡선을 그리며 이산화탄소를 배출했다. 2020년까지 배출했던 이산화탄소를 합하면 총 183억 톤이 넘는다.[75] 한국 또한 산업화 추진 이후 이산화탄소 배출과 함께 경제가 성장해온 점을 부인할 수 없으며 그 덕에 2021년에는 유엔무역개발회의UNCTAD에 의해 선진국에 편입될 수 있었다. 20세기 중반 이후부터 아시아 국가들의 경제적 비중이 커진 반면 서구 국가들의 이산화탄소 배출 추세가 꺾인 점을 고려하면 향후 지구온난화의 주범은 아시아 국가들이 비판의 대상이 될 것이다. 경제성장의 이익을 누린 만큼 책임감 있는 태도를 요구받는 것은 당연하다.

모두 함께
원칙과 기준을 만들다

—————————— 「교토의정서」 ——————————

　　산업의 발달과 함께 이상 기후 현상이 세계 곳곳에서 발생하며 피해가 커지자 이를 해결하기 위한 국제적 논의들이 이루어졌다. 특히 유엔 차원에서 본격적으로 기후 이상 문제를 다루기 위해 1992년에 「유엔기후변화협약UNFCCC, United Nations Framework Convention on Climate Change」이 체결되었다. 그전까지는 유럽, 미국 등 선진국들만 논의의 대상이었으며 한창 산업 발전에 집중하고 있는 개발국들은 기후변화에 관심을 가질 여유가 없었다. 19세기 산업혁명 이후부터 1990년까지 지속해서 이산화탄소를 배출해온 서구 국가들은 기후변화의 가장 큰 원인이 세계 경제성장과 함께 배출해온 이산화탄소에 있다는 점을 인정하고 이를 줄이기 위한 실행 계획으로 1997년

「교토의정서」를 채택했다.

「교토의정서」는 유럽, 미국, 일본 등 선진국들을 '부속서 나 국가Annex B'✱로 분류하여 이들에게 2008년부터 2020년까지 1990년에 배출한 온실가스량을 기준으로 1차 공약 기간(2008~2012) 평균 5.2퍼센트, 2차 공약 기간(2013~2020) 평균 18퍼센트를 감축하도록 의무를 부과했다.

하지만 당시 가장 많은 이산화탄소를 배출하던 미국이 자국 내 산업을 보호하기 위해 비준을 하지 않고 사실상 탈퇴했으며, 일본은 '교토의정서'라는 이름이 무색하게 2차 공약 기간에 참여하지 않았

✱ 38개국(Annex I 국가 40개국 중 1997년 당시 기후변화협약 미가입국이었던 터키·벨라루스 제외) + EU(지역공동체로 별도 포함). 이들을 「교토의정서」 상에서 부속서 나 국가(Annex B 국가)로 분류한다.

1990년 대비 감축 비율	국가
-8%	EU 15개국(오스트리아 -13%, 벨기에 -7.5%, 덴마크 -21%, 핀란드 0%, 프랑스 0%, 독일 -21%, 그리스 +25%, 아일랜드 +13%, 이탈리아 -6.5%, 룩셈부르크 -28%, 네덜란드 -6%, 포르투갈 +27%, 스페인 +15%, 스웨덴 +4%, 영국 -12.5%) 불가리아, 체코, 에스토니아, 라트리아, 리히텐슈타인, 스위스, 리투아니아, 모나코, 루마니아, 슬로바키아, 슬로베니아
-7%	미국
-6%	캐나다, 헝가리, 일본, 폴란드
-5%	크로아티아
0%	뉴질랜드, 러시아, 우크라이나
+1%	노르웨이
+8%	호주
+10%	아이슬란드

다. 또한 중국, 인도 등 개발도상국들에 이산화탄소를 포함한 온실가스에 대한 감축 의무를 지우지 않는 등 애초부터 지구 전체의 온실가스를 감축하는 데는 한계가 많았다. 국가 간 이해관계가 첨예한 상황에서 탈퇴에 대한 강력한 제재 수단이 없는 것은 의정서가 계획대로 진행되는 데 큰 장애로 작용했다. 그렇지만 「교토의정서」가 온실가스를 줄이기 위해 세 가지 이행 제도를 만들어놓은 것은 의미가 크다. 현재까지도 그 시스템하에서 온실가스 감축 노력이 진행되고 있기 때문이다.

「교토의정서」의 첫 번째 이행 제도는 '청정제도CDM, Clean Development Mechanism'다. 부속서1 국가Annex I들이 개발도상국에 온실가스 저감 사업을 벌인 경우 그 감축분을 선진국의 감축량으로 인정해주는 제도다. 두 번째는 '배출권 거래제도ETS, Emission Trading System'로 선진국이 감축량을 초과 달성한 경우 이를 감축 목표 달성이 부족한 다른 선진국에 팔 수 있도록 한 시장 메커니즘이다. 마지막으로 '공동이행제도JI, Joint Implementation'는 부속서1 국가들 간에 공동으로 감축 사업을 할 경우 그 실적을 인정해주는 제도다.

결과적으로 「교토의정서」는 목표를 달성한 유럽연합 이외에는 효과를 발휘하지 못했지만 국제사회가 힘을 모아 이산화탄소를 줄이기 위해 노력한 최초의 합의이며, 세 가지 이행제도를 제시하여 온실가스를 줄이기 위한 국제적 협력체제를 구축했다는 점에서 의의가 크다고 할 수 있다.

「파리협정」

이산화탄소 배출량이 21세기 들어와서도 계속해서 증가하고 세계 곳곳이 이상 기후 현상으로 몸살을 앓자 이제는 더 이상 이산화탄소 배출 문제를 방관할 수 없다는 공감대가 전 지구적으로 형성되었다. 하지만 국가 간 책임을 묻고 그에 따라 할당량을 정하는 문제는 쉽지 않았다. 또한 이산화탄소 배출의 책임이 상당 부분 중국, 인도 등 아시아 국가에 있는 상황에서 이들에게 어떤 의무를 부과해야 할지 국제적 합의를 이끌어내는 것 역시 진통이 거듭됐다. 그럼에도 당시 사태의 심각성을 인지한 반기문 유엔사무총장과 오바마 미국 대통령 등 세계 각국의 지도자들이 적극 나서 전 지구적인 동참을 강력하게 주장하면서 드디어 2015년 「파리협정」이 체결되었다.

「교토의정서」가 부속서 나 국가들, 즉 38여 개 국가에만 온실가스 감축 의무를 부과한 것과 달리 「파리협정」은 193개국(192개국+유럽연합)을 대상으로 한다.[76] 이는 중국, 인도, 한국 등 온실가스를 많이 배출하는 아시아 국가들의 적극적인 참여로 가능했다.

또한 「파리협정」은 이전과 달리 목표를 설정하는 데 지구 평균 온도를 활용했다. 기온 상승이 미칠 악영향을 고려해 산업화 이전에 비해 지구의 평균 온도가 2도 이상 상승하지 않도록 억제하고 가급적 1.5도 이상 기온 상승을 제한하도록 노력을 다해야 한다는 점을 명확히 한 것이다. 또한 각국의 자발적 참여를 독려하기 위해 감축 목표량을 할당했던 「교토의정서」와 달리 각국이 스스로 '자국의 온실가스 감축 목표NDC'를 제시하도록 했다. 더욱이 이행 점검을 5년마다 실시하고 차기 감축 목표를 설정할 경우에는 반드시 이전보다 높은 목표를 제시해야 한다는 '진전의 원칙'을 수립했다.[77]

우리의 「탄소 중립 기본법」에도 이러한 진전의 원칙을 담아서 2030년 이후 차기 감축 목표 선정 시에는 2030년 배출량을 더 줄여야 한다. 「파리협정」이 체결되고 온실가스 감축을 피해 갈 국가는 더 이상 존재하지 않게 되었다. 시민단체, 정부, 기업, 시민단체 등 모든 사회 구성원들이 온실가스 감축을 심각하게 받아들이기 시작했다.

2018년 10월에는 대한민국 송도에서 개최된 '제48차 기후변화에 관한 정부간 협의체IPCC'에서 전 세계 195개국 합의로 〈지구온난화 1.5도 특별보고서〉를 채택했다.

이 보고서는 지구 평균 온도 상승 폭이 2도인 경우와 1.5도인 경우를 분석 비교해 1.5도 이내로 상승 폭을 유지하기 위한 다양한 온실가스 감축 시나리오를 다루고 있다. 구체적으로 지구의 평균 온도가 2도 높아지면 육지 동식물이 서식지를 잃는 경우가 1.5도에 비해 두 배 높아지는 것으로 연구되었으며 100년에 한 번꼴로 소멸되는 여름철 북극 해빙도 2도인 경우는 10년 주기로 짧아지는 것으로 분석되었다. 심각한 가뭄으로 고통을 겪는 인구도 1.5도에 비해 두 배 이상 늘어나며, 특히 지구상 산호는 2도에서는 99퍼센트 이상 사라지는 것으로 조사되었다.

이어서 보고서는 추세가 이대로 지속되면 2030~2052년 사이에 지구 평균 온도가 1.5도 이상 올라갈 수 있다고 보고, 상승 폭을

1.5도 수준으로 제한하려면 2030년까지 이산화탄소를 2010년 대비 최소한 45퍼센트 수준까지 줄여야 하며 2050년까지는 탄소 중립을 달성해야 한다고 주장했다. 그리고 이를 위해 1차 에너지 공급의 50~65퍼센트, 전기 생산의 70~85퍼센트를 태양광, 풍력 등 신재생 에너지가 담당해야 한다고 제안했다.

이로써 이제 탄소 중립을 위한 인류의 목표는 1.5도가 되었으며 2050년 탄소 중립이 모든 국가들에게 주요한 화두가 되었다.

───── **제26차 유엔기후변화협약 당사국총회** ─────

2021년 8월의 제54차 기후변화에 관한 정부간 협의체 IPCC에서는 그동안의 상황을 재평가하여 현재와 같은 온실가스 배출량 추세가 지속될 경우 〈지구온난화 1.5도 특별보고서〉에서 언급한 2030~2052년보다 앞당겨진 2021~2040년 사이에 1.5도에 도달할 가능성이 높다고 발표했다(2023년 3월에 발표된 IPCC 제6차 보고서도 동일하게 전망하고 있다).

기후변화에 관한 정부간 협의체 IPCC는 대기 중 이산화탄소 농도가 200만 년 동안 최대치를 기록하고 있음을 강조하며 세계 각국에 특단의 대책을 요청했다. 이러한 위기 상황을 감안하여 2021년 11월 영국 글래스고에서 개최된 제26차 기후변화협약당사국총회

COP26는 120개국 정상들이 함께 지구 평균 온도 상승 폭을 1.5도 이내로 제한할 것을 약속했다. 아울러 미래 세대인 청년들을 기후 위기 대응 논의에 참여시키기 위해 '청년기후포럼'을 연례적으로 개최하기로 했으며, 각국의 탄소 중립 실천을 독려하는 차원에서 2024년부터는 격년 주기로 모든 당사국이 이행보고서를 작성해 제출하기로 의견을 모았다. 특히 5년 주기로 국가의 온실가스 감축 목표량을 설정하는 것을 모든 당사국이 합의함에 따라 앞으로 다가오는 2025년에는 2035년 국가 감축 목표를 제출해야 한다. 더욱이 국가 간 이해관계가 첨예했던 해외사업을 통한 감축 목표 달성마저도 세부 이행방안이 극적으로 합의됨에 따라 이제는 「파리협정」을 승인한 모든 당사국이 본격적으로 온실가스를 감축해야만 하는 국제적 환경이 확립되었다고 볼 수 있다.[78]

글래스고 총회 이후부터 모든 당사국은 온실가스 감축과 탄소 중립 달성이 국가 정책 수립 시 상수로 작용하기 시작했다. 2021년 12월 기준으로 137개 국가들이 2050년 또는 2060년경에 탄소 중립을 달성하는 것을 공식화했다. 우리 정부도 2021년 「탄소 중립 기본법」을 제정함은 물론 2050년 탄소 중립 달성과 함께 2030년까지 2018년 대비 온실가스를 40퍼센트 감축하는 것을 국제적으로 공표했다.

산업혁명 이후 자국의 경제발전을 위해 온실가스를 경쟁적으로 배출해온 국제사회가 이제는 탄소 중립이라는 하나의 목표를 향해 나아가고 있다.

3부

탄소 중립을 위한
온실가스 줄이기

NET ZERO

우리는 온실가스를
얼마나 배출하고 있을까?

──────── **온실가스 배출 현황** ────────

우리나라는 그동안 얼마나 많은 온실가스를 배출해왔을까? 6·25전쟁 후 기간산업이 완전히 파괴되어 폐허가 되다시피 한 한국은 당시 농업에 기반한 세계 최빈국가였다. 하지만 1980년대 국가가 주도한 중화학공업 중심의 계획 경제 시대를 거쳐 2000년대 이후 휴대폰, 반도체, 자동차 강국으로 발전하는 과정에서 상당한 양의 온실가스를 배출해왔다. 특히 경제성장과 함께 온실가스 배출량은 지속적으로 증가 추세를 보였다. 1990년 292만 톤이었던 온실가스는 2018년 7,270만 톤으로 정점을 찍었다. 이에 2018년은 우리나라 탄소 중립을 위한 기준 연도가 되었다.

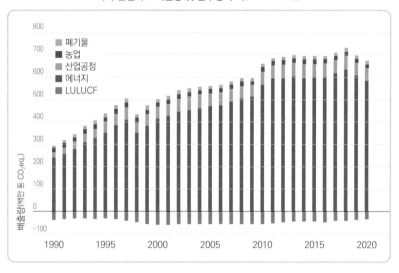

국가 온실가스 배출량 및 흡수량 추이(1990~2020년)

우리나라는 '기후변화에 관한 정부간 협의체 지침IPCC GL, Intergov-ernmental Panel on Climate Change Guidelines'에 의해 1990년부터 산정이 가능한 가장 최신 연도까지의 온실가스(CO_2, CH_4, N_2O, HFCs, PFCs, SF_6)에 대한 배출·흡수량을 측정하고 있다.

환경부 발표에 따르면 2020년 국가 온실가스 총 배출량은 6억 5,622만 톤으로 1990년 대비 125퍼센트 증가, 최고치인 2018년보다 10.7퍼센트 감소한 것으로 나타났다. 또 우리나라 국민 1인당 배출량은 2020년에 12.7톤으로 2019년의 13.6톤보다 6.5퍼센트 개선되었다. 아직 잠정적이긴 하지만 2021년과 2022년의 배출량을 살펴보면 각각 6억 7,810만 톤, 6억 5,450만 톤으로 2018년에 비해 각각 7.2퍼

유럽연합 산하연구기관(EC-JRC) 주요국 온실가스 배출량 통계(2022.6. 기준)

구분	배출량* (백만 톤 CO$_2$eq)				
	1990	2000	2016	2017	2018
전 세계	32,657	36,420	49,612	50,283	51,200
중국	3,920	5,343	13,175	13,386	13,740
인도	1,375	1,851	3,358	3,481	3,620
미국	6,160	7,198	6,197	6,136	6,298
러시아	3,052	2,116	2,111	2,256	2,314
일본	1,299	1,368	1,331	1,317	1,270
독일	1,230	1,045	914	898	874
대한민국	322	551	731	744	758*
영국	771	698	486	473	463
EU	4,953	4,555	3,955	3,989	3,925

* (산정 범위) 에너지, 산업, 농업, 폐기물, LULUCF, CO$_2$, CH$_4$, N$_2$O, F-gas 포함, 흡수된 양을 제외한 순수 배출량

센트, 11.1퍼센트 감소하여 2018년 이후 하향 추세를 그리고 있다. 코로나 팬데믹의 열기가 주춤한 2021년에 잠시 2020년보다 배출량이 높아지기는 했지만 2018년을 넘어서지는 않았다. 원자력과 신재생 에너지의 증가, 석탄 발전소 감소 등 에너지 믹스 개선이 주요한 원인으로 지목되었다.

우리나라는 2019년 기준으로 세계에서 11번째로 온실가스를 배출하고 있으며 이는 OECD 국가 중에서는 5위로 결코 적지 않은 양이다.[79] 증기기관이 도입된 1750년부터 2019년까지 전 세계 온실가스 배출량 추이를 살펴보면 한국은 짧은 산업화 기간에도 세계 20위를 차지하고, 이산화탄소만을 놓고 보면 약 183억 톤을 누

적 배출했다. 전 세계적으로 약 1조 6,965억 톤의 이산화탄소가 누적 배출된 점을 감안하면 한국은 대략 1퍼센트 정도 책임이 있다고 할 수 있다.

얼핏 보면 미국(20퍼센트), 중국(14퍼센트) 등과 비교하면 배출 비중이 미미해 지금의 기후 위기에 큰 책임이 없는 것처럼 보이지만 배출 속도가 지금까지 상당히 가팔랐다는 점과 미국과 중국이 엄청난 양을 배출하여 비중이 크게 보일 뿐 우리의 배출량 또한 작다고 볼 수 없다는 점, 특히 한국이 선진국과 중진국의 가교 역할을 하는 국제적 위상을 가진 점 등을 볼 때 탄소 중립을 위한 한국의 의지는 선진국, 중진국 모두에게 매우 중요한 관심 사항이다.

부문별 온실가스 배출 비중

온실가스 배출량을 부문별로 살펴보면 전력을 생산할 때 가장 많은 온실가스를 배출하고 있다.[80] 주요 원인은 이산화탄소를 다량으로 배출하는 석탄화력발전이 원자력, 신재생, 양수발전보다 비중이 크기 때문인데, 제10차 전력수급기본계획(2023)에 따르면 총 58개의 석탄 발전소가 운영 중이며 우리나라 발전량의 약 30퍼센트 이상을 차지할 정도로 매우 중요한 부분이다.

다음은 산업 부문이다. 국제적 경쟁력이 높은 철강과 건설산업

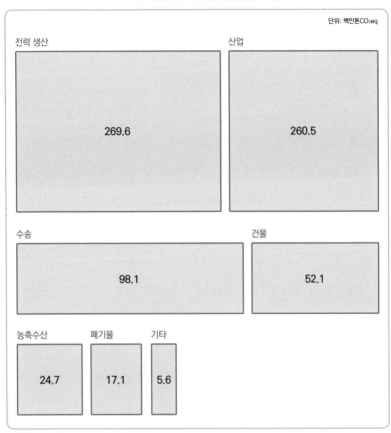

우리나라 온실가스 부문별 배출량(2018)

단위: 백만톤CO₂eq

전력 생산
269.6

산업
260.5

수송
98.1

건물
52.1

농축수산
24.7

폐기물
17.1

기타
5.6

의 기반이 되는 시멘트 부문에서 상당한 온실가스를 배출하고 있다.

산업 다음으로 수송 분야에서도 막대한 이산화탄소가 배출되고 있다. 특히 휘발유, 경유 자동차와 같은 수송업의 발전은 한 세기 동안 이동의 편리함을 가져온 대신 온실가스 배출이라는 무서운 상처를 동반했다. 한 국가의 경제가 발전하면 집집마다 차량을 구비하고 심지어 여러 대를 소유한 집들도 생겨나는데, 기술의 발달로 연비의 개선이 이루어지더라도 차량 수 증가에 따라 연료 소비량은 늘어날 수밖에 없다. 우리나라는 1990년에 339만 대였던 차량이 2018년에는 2,320만 대로 약 6.8배가 증가했다.

건물도 온실가스 배출의 큰 비중을 차지한다. 회사건물만 보더라도 조명등, 에어컨, 난방, 엘리베이터, 컴퓨터, 프린터 등을 작동시키는 데 상당한 전기가 필요하고 이러한 전기를 생산하는 과정에서 배출되는 온실가스를 건물 부문 계산에 포함하면 수송 부문보다 더 많이 배출한다고 볼 수 있다. 하지만 전기 생산은 이미 언급한 전력 및 열 생산 부문에서 계산을 하기 때문에, 건물 부문 계산 시에는 등유, 경유, 도시가스 등 화석연료를 사용하여 난방을 하는 경우를 상정하여 온실가스 배출량을 계산한다.

그다음으로 배출이 많은 분야는 농축산 부문이다. 화학비료 사용, 벼농사, 축산 등으로 인한 메탄과 아산화질소 배출이 많아 건물 다음으로 온실가스를 많이 배출하는 것으로 조사되었다.

지역별 온실가스 배출 현황

지역별 온실가스 배출[81]은 총 16개 시도를 대상으로 할 때 충청남도가 온실가스 배출에 있어 1위를 차지하고 있다. 이는 충청남도에 석

탄 발전소가 가장 많이 운영되
고 있기 때문이다(2019년 기준).

석탄 발전은 다른 에너지
원에 비해 값싸게 전기를 생산
할 수 있고 안정적으로 전기를
공급할 수 있기 때문에 우리나
라뿐만 아니라 많은 제조업 국
가에서도 가장 큰 비중을 차지
한다. 2019년을 기준으로 전
세계 발전량의 36.7퍼센트를
석탄 발전이 차지하고 있다.

충남에 위치한 석탄 발전

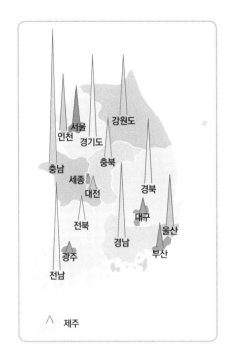

소 중 수명이 다된 발전소는 계획대로 폐쇄하고 가동 연한이 남은 석
탄 발전소도 조기 폐쇄한다면 충청남도의 온실가스 배출량은 상당
부분 감소할 것이다.

다음 순위로는 전라남도, 경기도, 경상남도가 각각 2, 3, 4위다.
전라남도는 철강과 화학산업 부문에서 온실가스를 많이 배출하고
있다. 광양시와 여수시에 조성된 제철소, 화학산업단지에서 상당한
연료를 사용하는 것이 주요 원인이다. 경기도는 우리나라에서 가장
많은 인구(1,395만 명)가 모여 사는 곳으로 다른 시도에 비해 압도적
으로 수송 부문에서 많은 연료를 소비한다. 뿐만 아니라 생활 및 산
업 폐기물 양도 많아서 폐기물 처리 과정에서 배출되는 온실가스 양

이 경기도 바로 다음인 경상남도와 비교해서도 두 배 이상이다.

지역별 배출량 격차의 주요한 요인은 전력 공급에 석탄 발전소가 차지하는 비중과 연료 소비가 큰 중화학 업종의 규모 수준이 다르기 때문이며, 거주 인구 규모에 따른 수송 연료 사용과 폐기물 양도 온실가스 배출량에 영향을 주게 된다.

강원도의 경우 총 배출량과 흡수를 감안한 순 배출량과의 차이가 다른 시도市道에 비해 크다. 지역의 상당 부분이 산림으로 이루어져 있기 때문이다. 2019년 기준으로 총 배출량은 5,000만 톤, 순 배출량은 3,870만 톤으로 1,130만 톤이 흡수된 것으로 조사되었다.

온실가스를 가장 적게 배출하는 시·도는 세종을 제외하고는 제주도로 인구도 다른 시·도에 비해 적으며, 연료 소비 규모가 큰 제조업이 거의 없어 충청남도 배출량의 약 3퍼센트 수준에 지나지 않는다.

우리나라 전체 온실가스를 감축하는 과정에서 시·도의 역할은 무엇보다 중요하다. 중앙정부 차원에서 각종 규제를 통해 온실가스 배출을 통제할 수도 있지만 각 시·도가 지역 내 온실가스 배출 요인을 찾고 이를 지역민 및 지역 산업계와 협력하여 줄여나간다면 보다 효율적일 수 있다. 특히 지역의 특성상 국내총생산GDP과 온실가스 배출량 관련성이 높은 시·도는 온실가스를 줄이는 데 소극적일 수 있어 결국 전체 온실가스 감축에 부정적 영향을 주게 된다. 지역의 온실가스 배출 구조와 원인을 분석하고 탄소 중립으로 전환하는 과정에서 피해를 많이 보게 되는 지역에 대한 적극적인 지원 체계가 갖춰질 때 국가 전체의 온실가스 감축 목표도 달성할 수 있을 것이다.

배출한 온실가스를 흡수하는 흡수원

흡수원이란 말 그대로 대기 중 온실가스를 흡수하는 저장소를 뜻한다. 발생한 온실가스는 대기 중에 그대로 머무르는 것이 아니고 산림이나 초지, 농지나 바다에 다시 흡수된다. 「교토의정서」에서는 이를 신규 조림, 수종 갱신(내화력이 큰 나무, 즉 불에 잘 타지 않고 타더라도 고온에 잘 견디는 나무로 갱신) 등으로 규정하고 있다.

흡수원으로는 열대우림과 침엽수림 등 육상 생태계가 흡수하는 탄소인 '그린카본'과 맹그로브숲이나 해양습지 등 해양 생태계가 흡수하는 탄소인 '블루카본'이 있다. 열대우림이나 침엽수림처럼 흔히 숲이라고 부르는 생태계인 그린카본은 광합성을 통해 대기 중 이산화탄소를 흡수하고 저장하는데, 블루카본은 이보다 훨씬 더 빠른 속도로 유기물을 정화하고 더 많은 탄소를 땅속에 저장한다. 열대우림이나 침엽수림 같은 그린카본에 비해 분포 면적은 훨씬 작지만 조성 비용이 적게 들고 탄소 흡수 속도는 50배가량 빠른 것으로 알려져 있다. 이처럼 블루카본은 비용 대비 온실가스 흡수 능력이 상대적으로 우수해 국제사회에서도 이를 보전하는 데 주력하고 있다.

국내의 블루카본 정보시스템 구축 및 평가관리기술개발 연구팀은 세계5대 갯벌 중 하나인 우리나라 갯벌이 흡수하는 온실가스량이 48만 4,500톤으로 연간 승용차 20만 대의 온실가스량과 맞먹는다고 밝혔다. 이는 소나무 약 7,340만 그루가 흡수하는 양과 비슷하다. 또한 우리나라의 연안 습지 분포 면적은 총 2,501제곱킬로미터로 식물

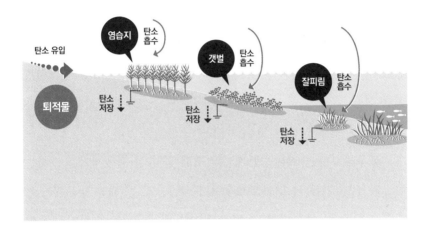

이 살지 않는 비식생 갯벌에서 98퍼센트의 온실기스를 흡수한다. 그 밖에도 갈대와 같은 염생식물이 서식하는 염습지와 거머리말, 새우 말과 같은 현화식물 군락지를 말하는 잘피림도 온실가스를 흡수하는 블루카본에 해당한다.

2019년 기후변화에 관한 정부간 협의체는 〈해양 및 빙권에 관한 특별보고서〉를 통해 온실가스 감축 수단 중 하나로 블루카본을 공식적으로 인정했다. 이에 속한 블루카본으로는 맹그로브숲, 염습지, 잘피림 총 세 가지다. 아직 우리나라 갯벌은 국제적 연구 결과가 없어 블루카본으로 공식 인정을 받지 못하고 있다. 하지만 우리나라는 연안습지에 의한 온실가스 감축량을 통계로 산정하고 있다. 다만 간척사업으로 연안습지가 계속 감소해 이산화탄소가 땅속으로 흡수되지 못하고 대기 중에 배출되고 있어 현상이 안타까울 따름이다.

블루카본은 우리가 개발을 원한다고 만들어내거나 확장시킬 수 있는 것이 아니다. 그저 지금 상태를 보존하고 유지하는 것이 가장 좋은 방법이다. 연안습지는 비용과 시간 측면에서 가장 효율적이고 가성비가 뛰어난 온실가스 흡수원이다. 해양 생태계의 보전이 중요한 이유다.

한국의 기후 위기
대응 현황

─── 탄소 배출 감소를 위한 그동안의 노력들 ───

「교토의정서」의 의무 감축 대상이 아니었던 한국은 2000년대 들어와 기후변화에 대한 인식이 강화하기 시작했으며 2009년에는 2020년 BAUBusiness As Usual(온실가스 감축 노력이 없을 경우의 미래 예상 배출 전망치) 대비 30퍼센트를 감축하는 국가 중장기 온실가스 감축 목표를 발표했다. 이후 2009년에는 녹색성장위원회를 출범하고 2010년에는 「저탄소녹색성장법」을 제정하는 등 온실가스 감축과 그린산업 육성을 위한 체제를 구축했다.

하지만 「교토의정서」 체제의 한계로 국제적인 감축 노력이 한계에 부딪히자 우리나라도 시급한 여러 현안 앞에 미래의 문제 해결은 시간이 지날수록 추진 동력을 잃어갔다. 그러다 다시 2015년 「파리협정」이 극적으로 체결되고 나서야 온실가스 감축이 전 지구적인 문제로 대두되었고 우리나라도 온실가스 감축에 대한 국제사회의 흐름과 변화에 적극 부응했다.

2009년 한국은 2030년 BAU 대비 37퍼센트 감축 목표를 수립했다. 이후 2018년 대한민국 인천 송도에서 개최된 제48차 기후변화에 관한 정부간 협의체에서 온도 상승 폭을 1.5도 이내로 유지해야 한다는 〈지구온난화 1.5도 특별보고서〉를 전원 합의로 최종 승인했다. 이에 정부는 국내 감축과 국외 감축 비중을 조정하여 국내 감축 규모를 기존 25.7퍼센트에서 32.5퍼센트로 확대하고 국외 감축량을 11.3퍼센트에서 4.5퍼센트로 축소했다.

2019년에 들어와서는 BAU의 한계를 개선하고 감축 목표를 보다 명확히 하기 위해 BAU 방식 대신에 2017년의 배출량을 기준으로 2030년까지 24.4퍼센트를 감축하는 것을 유엔에 제출했다. 이에 더해 유럽 국가들을 중심으로 2050년 탄소 중립 달성을 위한 선언들이 국제적으로 큰 호응을 얻는 분위기 속에서 2020년 12월에는 '2050년 탄소 중립 목표'를 달성하겠다는 의지를 유엔에 제출했으며 2030 온실가스 감축 목표NDC 또한 상향 조정하는 것으로 수정했다.

우리나라는 2015년부터 「온실가스 배출권의 할당 및 거래에 관한 법률」에 따라 배출권 거래제가 운영되고 있다. 온실가스 배출권 거래제의 운영은 우선 정부에서 배출권 총량을 결정한 뒤 이를 대상 업체에 배출권 방식으로 배분하는 것으로 시작된다. 만약 배출권을 받은 업체의 실제 배출한 온실가스량이 업체가 허용받은 양보다 많을 경우에는 배분받은 배출권만 가지고는 상쇄가 안 되기 때문에 시청에서 배출권을 추가로 구입해야 한다. 반대로 허용량보다 적은 온실가스를 배출한 업체는 이를 상쇄하고 남은 배출권을 시장에 판매할 수 있다. 2021년부터 2025년까지는 배출권 거래제 운영의 제3차 계획 기간으로 이전까지는 정부에서 무상으로 배출권을 업체에 배분했다면, 이 기간 중에는 유상으로 배분하는 비율을 높이게 된다. 배출권 시세 조회는 KRX(배출권 시장 정보 플랫폼 https://ets.krx.co.kr)에서 확인할 수 있다.

한편 태양광, 풍력 등 재생 에너지를 확보하기 위해 꾸준히 노력한 결과 2012년에는 총 발전량의 2.4퍼센트에 불과했던 재생 에너지 발전이 꾸준히 늘어나고 있다. 재생 에너지는 지역의 특성에 따라 추진 방식이 다르고 아직 우리나라는 선진국 대비 낮은 수준이다. 재생 에너지의 비중을 확대하기 위해서는 정부의 확고한 의지와 함께 지방정부와 지역주민, 환경단체 등의 적극적인 지원이 필요하다.

무조건 안 쓰고 줄이는 것만이 능사가 아니다. 탄소 중립을 실천하자고 하면 덜 쓰고, 아껴 쓰고, 다시 써야 한다고만 생각하는 사람들이 있다. 하지만 탄소 중립은 온실가스를 줄이거나 흡수하는 방법을 연구하면서 더 나은 삶을 위해 생활방식을 바꾸는 것으로 이해할 필요가 있다. 인류는 지금까지 혁신을 거듭하면서 발전해왔고 또 앞으로도 그렇게 가야 하기 때문이다.

지구온난화가 온실가스 때문이라는 사실을 안 이후 우리는 전기나 수소를 이용한 수송 수단을 모색해 실천하고 있고, 경제 산업계는 디지털 전환으로 공간적 개념도 달라지고 있다. 메탄을 다량으로 배출하는 축산 시스템이 아닌 식물성 단백질 또는 줄기세포를 활용한 대체육 기술도 우리 생활에 성큼 다가오고 있다. 또 앞으로 지속가능한 삶을 위해 혁신적인 기술을 기반으로 이산화탄소를 포집해야 한다는 목표도 생겼다. 이러한 탄소 중립을 위한 혁신 기술을 기후테크라 부른다.

전 세계적으로 2016년에 66억 달러였던 기후테크에 대한 투자금이 2021년에는 537억 달러로 8배 이상 성장했으며, 국가별로도 2020년 하반기에서 2021년 상반기 동안 미국은 566억 달러, 유럽연합은 183억 달러, 중국은 90억 달러를 기후테크에 투자하고 있다.[82] 탄소 중립이 세상을 다시 마차의 시대로 되돌릴 수 있다는 부정적인 시각이 아닌, 새로운 지속가능한 성장과 미래를 여는 출발점으로 바라볼 필요가 있다.

탄소 중립 미래상과 중간 목표

2021년 10월 18일, 2050 탄소 중립위원회는 제2차 전체회의를 개최하여 우리나라의 2050년 탄소 중립을 실현하기 위한 시나리오와 2030 온실가스 감축 목표NDC를 40퍼센트로 설정한다는 내용을 심의·의결하고 이를 정부에 제안했다. 정부는 2021년 10월 27일 국무회의에서 이를 확정하고, 그해 11월 영국 글래스고에서 개최된 제26차 유엔기후변화협약당사국총회COP26에 참석하여 국제적으로 발표했으며, 12월 23일에 유엔에 제출해 이를 공식화했다. 2019년 기준으로 우리나라의 제조업 비중이 28.4퍼센트로 유럽연합의 16.5퍼센트, 미국의 11퍼센트보다 상대적으로 높은데도 불구하고 40퍼센트라는 도전적 목표를 제시한 것에 대해 국제사회의 평가는 우호적이었다.

또한 법적 근거 기반을 마련하기 위해 2022년 3월 25일에 제정된 「기후 위기 대응을 위한 탄소 중립·녹색성장 기본법 시행령」에서 '40퍼센트'라는 감축 목표 수치를 명문화했다. 「파리협정」과 「국내 탄소 중립법」은 한번 정해진 목표치를 낮출 수 없는 '진전의 원칙'으로 다음 번 온실가스 감축 목표NDC를 제안할 때는 반드시 이전보다 진전된 목표를 제시해야 한다. 물론 상황이나 여건이 달라지면 목표 달성을 위한 계획이나 대책에 수정이 필요하겠지만 국내외적으로 공표한 온실가스 감축 목표치 40퍼센트는 변경이 어려워 이를 달성하려면 각계각층이 머리를 맞대지 않으면 안 되는 상황이다. 즉 경제적 부담을 이유로 목표를 40퍼센트 이하로 낮출 수는 없다는 얘기다.

더욱이 2021년 7월부로 선진국이 된 한국의 국제적 위상을 감안하면 40퍼센트 감축은 반드시 지켜야 하는 목표치라는 것이 더 명확해진 셈이다. 2023년 4월 11일 국무회의에서 의결된 '탄소 중립·녹색성장 국가전략 및 제1차 국가기본계획'에서도 2030년 40퍼센트 목표치를 지켜가고 있다.

2030년까지
어떻게 줄일 것인가?

앞서 말한 것처럼 우리나라는 '2050 탄소 중립 시나리오'(탄소 중립 목표가 달성되는 2050년 우리나라의 미래상)를 발표하고, 2021년 10월 27일 2018년 대비 온실가스 배출량을 40퍼센트를 줄인다는 '2030 온실가스 감축 목표NDC'를 발표했다. 우리나라가 정한 목표치 40퍼센트에 대해서는 다른 국가와 비교해 과하다는 견해와 더 높은 목표를 정해야 한다는 견해가 있다.

주요 선진국들의 2030 온실가스 감축 목표를 살펴보면, 유럽연합은 1990년을 기준으로 55퍼센트 감축을 목표로 하고 있으며, 이미 1990년을 기점으로 온실가스 배출량이 줄어들기 시작해 경제성장과 온실가스 배출량이 탈동조화되고 있다. 미국은 2005년도 대비 50~52퍼센트를 감축할 계획인데, 2007년을 정점으로 온실가스 배출량이 감소하는 추세다. 우리나라보다 두 배 정도의 온실가스를 배출하는 일본은 2013년에 정점에 이르렀고, 2030년에는 2013년도 대비 46퍼센트를 감축할 계획이다. 목표치만 놓고 보면 모두 우리나라보다 감축 목표를 크게 잡은 것 같지만, 기준 연도를 보면 멀게는 1990년, 가깝게는 2013년으로 우리나라 기준인 2018년보다 2030년까지 시간적으로 여유를 가지고 있다.

즉 온실가스 배출량이 정점을 찍은 이후 뚜렷하게 감소 추세로 접어든 시점에서 2030년까지 추세에 맞춰 줄여나간다고 볼 수 있다. 하지만 우리나라는 정점을 찍은 지 얼마 되지 않고 앞으로 몇 년간은 하향 추세가 견고한지 확인할 필요도 있다. 게다가 경제는 성장시키면서 배출량은 줄여야 하는 디커플링(탈동조화)도 완성해야 하는 상황에서 연평균 감축률 4.17퍼센트 수준은 유럽연합 1.98퍼센트, 미국 2.81퍼센트, 일본 3.56퍼센트에 비해 상당히 높은 도전적 과제라고 할 수 있다.

반면 한국의 기후 위기 대응이 상당히 늦은 감이 있다는 견해도 있다. 2016년 국제환경단체인 기후행동추적Climate Action tracker에서는 한국을 기후 악당으로 지칭했다. 미국은 트럼프 정권 시절에 「파리협정」을 탈퇴했는데도 꾸준히 온실가스 배출량이 줄고 있으며 특히 캘리포니아주는 미국 내 선도적으로 배출권 거래제를 실시하고 각종 기후 환경 관련 규제를 강화하는 등 정권과는 별개로 탄소 중립 사회를 위한 준비를 차곡차곡 준비해왔다.

탄소 중립 사회를 꾀하는 이러한 국제적 흐름과 달리 한국은 온실 가스 감축을 위한 준비가 아직은 많이 부족한 상황이라 지금이라도 과감한 목표치를 제시해 국제적인 책임을 다해야 한다는 견해가 힘을 얻고 있다. 상반된 견해가 존재하고 서로 간에 다툼의 여지가 있다 하더라도 현시점에서는 목표치 40퍼센트를 달성하기 위한 현실적 방안을 강구하는 것이 무엇보다 중요하다.

에너지 생산 방법 바꾸기

석탄 발전소 줄이기

전력은 대체로 원자력, 석탄, 천연가스, 양수 발전소*를 통해 생산되고 있지만, 석탄 발전소는 30퍼센트를 넘을 정도로 다수를 차지한다. 석탄은 화석연료 중에서도 온실가스 배출이 가장 크기 때문에 석탄 발전소의 중단은 전력 생산 부문의 온실가스 감축량에 결정적으로 작용한다.

제10차 전력수급기본계획(2023)[83]에 따르면 석탄 발전소는 총

❋ 　양수 발전소: 심야의 잉여 전력을 이용하여 물을 저수지로 퍼 올리고, 피크 부하시에 그 물을 이용하여 발전하는 발전소. 처음에는 풍수 때에 전력으로 양수한 물을 갈수시에 발전에 이용하는 계절 조절용이었지만 현재는 수력 발전의 주력으로 사용되기도 한다.

유형별 에너지 발전 원가

구분(원/kWh)	원전	석탄	LNG	태양광
발전 원가	63.06	90.67	101.43	128.65

* 에너지경제원 2019년 기준

58개이다. 2012년 전력 부족에 따른 블랙아웃 사태로 시민을 비롯해 산업계 전반이 불편과 피해를 겪은 탓에 전력 수급 안정을 위해 정부가 빠른 시일 내에 전력을 확보할 수 있는 석탄 발전소의 신규 건설을 추진했었다.

석탄 발전은 원자력 다음으로 발전 원가가 낮기 때문에 석탄 발전을 중단시키면 전기 요금이 오를 수밖에 없다. 2015년 「파리협정」 이후 국내외 정서가 급변하면서 우리나라도 온실가스 배출량 저감을 위해 석탄 발전소의 건설과 가동을 원점에서 재검토하기 시작했다. 하지만 2030년에도 상당수의 석탄 발전소가 부득이하게 가동할 수밖에 없는 실정이다. 원자력과 태양광 등 다른 대체 발전소를 건설하려면 상당한 시간이 소요될 뿐만 아니라 민간 자본이 대거 투입된 신규 발전소를 아무런 보상 없이 강제 중단시킬 수 없기 때문이다.

제10차 전력수급기본계획에 따르면 2030년에도 석탄 발전소에 의한 발전량은 여전히 19.7퍼센트의 비중을 차지한다. 석탄 발전소는 발전 원가가 싸다는 장점 외에도 전력이 필요할 때 가급적 빠른 시간 안에 공급할 수 있는 장점이 있는데, 이는 전력 보급의 안정성 차원에서 매우 중요한 문제다.

우리나라의 전력 소비 패턴은 낮에는 전력 소비가 적고 일출과 일몰 시점에는 수요가 급증하는 중간이 쑥 들어간 쌍봉 형태를 띠고 있다. 따라서 햇빛과 바람이 부족한 시간에는 재생 에너지로만 수요·공급을 맞추기가 어렵다. 전력 수급을 안정적으로 유지하려면 급전이 가능한 액화천연가스LNG 발전소의 비중을 높여 석탄 화력을 점진적으로 줄여나갈 필요가 있다.

신재생 에너지 사용하기 - 태양광 발전

2030년 에너지 믹스*에서 가장 큰 변화는 신재생 에너지의 비중이 2018년 6.2퍼센트에서 21.6퍼센트로 크게 확대된다는 점이다. 재생 에너지의 가장 큰 장점은 온실가스를 배출하지 않는 청정에너지원이라는 점이다. 또한 설치 후에는 별다른 연료의 공급 없이 햇빛과 풍력 등을 활용해서 전력을 생산할 수 있다. 최근 들어서는 발전 원가가 계속해서 떨어지고 있어 가격 면에서도 경쟁력을 확보해 나갈 수 있다.

❋   에너지믹스: 섞는다는 뜻의 'Mix'를 적용한 합성어로 에너지원을 다양화한다는 의미를 포함한다. 석유나 석탄 같은 '기존 에너지'의 효율적 활용과 태양광 같은 '신에너지원'의 융합을 통해 폭발적으로 증가하는 에너지 수요에 적절하게 대응한다는 내용을 담고 있다.

태양광 발전은 글자 그대로 태양광을 이용해서 전기를 생산해내는 것이다.[84] 태양전지는 보통 1, 2, 3세대로 나누어 구분한다. 1세대는 현재 널리 사용되는 실리콘 태양전지이며 효율성은 높지 않지만 대량생산이 용이해 생산비용이 싸다는 이점이 있다. 2세대는 얇은 필름형으로 만들 수 있어 쓰임새가 다양하다는 이점이 있지만 여전히 효율성 문제를 안고 있다. 1, 2세대의 단점을 극복하기 위해 연구되고 있는 것이 3세대 페로브스카이트 태양전지다.

페로브스카이트는 특이한 결정 구조를 갖는 화학물질로 실리콘과 달리 고온 처리할 필요가 없다. 또한 공정이 단순하고 비용이 싸며 얇고 가볍다는 장점이 있다. 게다가 반투명해서 실리콘 태양전지의 어둡고 경직된 형태를 탈피해 도시 경관을 해치지 않는다. 현재 다양한 합성이 가능해 효율을 증대시킬 수 있는 페로브스카이트의 특성을 활용해 페로브스카이트와 실리콘을 결합한 텐덤 태양전지도 연구가 진행 중이다. 단 페로브스카이트 태양전지는 열과 수분에 취약하고 일부 납 성분이 포함되어 있어 이 부분에 대한 개선이 필요하다.

태양광 발전소 설치도 설치 비용 대비 수익이 높아야 성과를 거둘 수 있을 텐데, 아직은 중앙정부나 지방정부의 지원이 없으면 수익성을 맞추기가 쉽지 않다. 싼값의 효율이 높은 태양전지를 개발 상용화할 수 있을지가 앞으로의 관건이라 할 수 있다.

최근에는 미래적인 태양광 발전의 모습으로 우주에서 태양광 패널을 설치하여 전력을 생산한 후 이를 마이크로파 또는 레이저로 전환해 지구로 전송하면 지상에서 안테나 수신을 통해 다시 전기로 전환하는 아이디어가 제시되기도 했다.

신재생 에너지 사용하기 - 풍력 발전

풍력 발전소는 다른 발전소에 비해 구조가 간단하다. 커다란 프로펠러 모양의 블레이드, 전기를 생산하는 발전기, 기다란 지주대(타워)로 구성되어 있다. 바람이 블레이드를 돌려 얻을 수 있는 에너지양은 다음의 식을 따르는데, 에너지양을 결정하는 핵심 요인이 '블레이드의 길이'와 '바람의 세기'인 것을 알 수 있다.

$$Pw = \frac{1}{2} \rho A_t V_w^3 C_p$$

Pw(에너지량 W), ρ(공기밀도), A_t(πr², r: 블레이드 반지름)
V_w(풍속 m/s), C_p(파워계수, 0.3~0.4)

다시 말해 블레이드의 길이가 길고, 바람이 강하게 불수록 풍력 발전소가 생산할 수 있는 전력량이 많아지므로 강한 바람이 부는 입지를 찾고 블레이드 길이를 늘리기 위한 연구가 필수다. 수십 미터가 넘는 블레이드가 수십 미터 상공에서 고속으로 돌아가려면 가벼우면서도 바람에 파손되지 않을 정도의 강도가 있어야 한다. 그래서 철보다 75퍼센트 가벼우면서 강도와 탄성은 7~10배 정도 우수한 탄소 섬유가 주로 쓰인다.

흔히 볼 수 있는 풍력 발전에서 블레이드 수는 일반적으로 3개인데, 이때 파워계수(C_p)가 높아져 보다 큰 에너지를 얻을 수 있다. 참고로 파워계수는 바람의 에너지가 블레이드를 통해 모터를 돌리는 회전 에너지로 변환되는 정도를 나타낸다. 1에 가까울수록 에너지 손실 없이 변환이 잘 이루어지며 생산되는 에너지양이 많다는 것을 의미한다.

블레이드의 길이가 점점 길어져 풍력 발전소의 크기가 대형화될수록 육지에서는 적합한 장소를 찾는 것이 힘들다. 그래서 최근에는 해상풍력 발전에 대한 연구 및 설치가 확대되고 있다. 그 결과 2000년대 초반만 해도 해상풍력 발전은 찾아보기 힘들었지만 2020년 총 2,907메가와트MW 해상풍력 발전이 전 세계적으로 설치되어 운영되고 있다.[85] 〈블룸버그 뉴 에너지 파이낸스BENF, Bloomberg New Energy Finance〉는 2030년까지 총 203기가와트GW의 해상풍력 발전이 설치되어 운영될 것으로 예측했다. 나라마다 가까운 바다를 중심으로 해상풍력 발전이 즐비하게 늘어선 모습을 볼 날도 멀지 않은 듯하다.

우리나라도 제주와 서남해 등지에서 해상풍력 발전단지가 조성되어 있으며 울산과 전남 신안 등에도 사업이 추진 중이다. 하지만 주변 경관을 훼손하고 어장에 피해를 준다는 이유로 해당 지역 어민들이 발전소 설치를 반대하고 있기 때문에 이에 대한 대책이 먼저 마련되어야 한다. 태양광 발전 사례처럼 발전 이익을 공유하는 등

섬세한 접근이 필요하다. 태양광 발전이나 풍력 발전 모두 일몰 후나 바람이 불지 않는 날에는 전기를 생산할 수 없기 때문에 기상 여건이 좋을 때 생산된 전기를 보관하는 에너지저장시스템_{ESS, Energy Storage System} 사업이 확대되고 있다. 〈블룸버그 뉴 에너지 파이낸스〉는 2040년 에너지저장시스템_{ESS} 시장이 1,095기가와트 규모로 성장할 것으로 예측하고 있다.[86]

신재생 에너지 사용하기 - 수소와 산소를 이용한 연료전지

온실가스 감축 목표_{NDC}의 신재생 에너지는 수소연료전지를 통한 전력 공급도 포함되어 있다. 수소연료전지는 수소와 산소의 화학반응을 통해 전기를 생성하고 부산물로 물을 배출하는 전지로, 탄소를 배출하지 않는다,

수소연료전지는 전해질의 종류에 따라서 구분된다. 고분자전해질형_{PEMFC}은 전해질로 이온교환막을 사용하고 촉매로 사용된 백금이 수소와 전자를 잘 분리해내어 낮은 온도(100도 이하)에서도 작동이 가능한 덕분에 차량용으로 많이 쓰인다.

발전용 수소연료전지인 인산형 PAFC은 전해질로 액체 인산염을 사용하고 40퍼센트 정도 전기 효율을 얻으며, 고체산화물을 전해질로 사용하는 연료전지인 탄산형 SOFC는 비싼 백금[87] 대신 니켈을 촉매로 고온에서 수소 원자와 전자를 분리해내어 50퍼센트 이

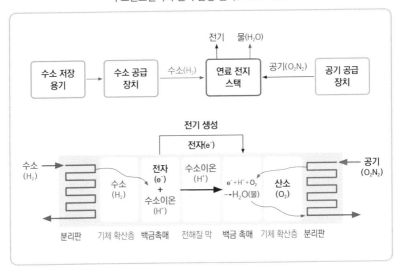

수소연료전지의 전기 발생 원리(PEMFC 기준)

상 전기 효율을 얻고 있다. 한편 수소를 사용하는 전력 생산으로는 수소터빈도 있는데, 실제 사용 중인 연료전지와 달리 현재 기술개발이 진행 중이다.[88]

　수소 전력 생산 방식인 수소연료전지와 수소터빈은 각각 어떤 장단점이 있고 앞으로 이들의 역할은 어떻게 될까? 수소연료전지는 전기 생산 외에도 태양광, 풍력 등을 통해 발생한 전기를 저장할 수 있고 열효율이 높다는 장점이 있지만, 직류 전기라 현재 교류를 바탕으로 하는 계통 체제를 유지하는 데 부담이 된다. 이러한 약점을 보완하기 위해 연료전지에서 생산된 직류 전기를 터빈에서 생산된 교류처럼 인식하게 하는 인버터GFM, Grid Forming Inverter 연구가 진행 중이다. 수소터빈은 기존의 액화천연가스LNG 터빈처럼 교류 전기를 생산하고 급전이 가능해서 전기를 안정적으로 공급할 수 있다. 다만 수소 연소시 인체에 유해한 질소산화물이 발생할 수 있다.

연료전지와 터빈의 단점을 모두 보완하기 위한 연구가 진행 중이라 수소를 활용하는 전기 생산 방식은 두 방식 모두 운용될 것 같다. 가령 수소터빈은 액화천연가스LNG 터빈처럼 대형 발전기 형태로 운용되고 수소연료전지는 건물이나 송배전망 투자가 힘든 곳, 아울러 전기와 함께 열 공급이 중요한 곳에 사용될 수 있다.

원자력 에너지에 대한 국제적 흐름

제10차 전력수급기본계획에 따르면, 2030년 원자력 발전이 전체 발전량에서 차지하는 비중은 32.4퍼센트로 2018년 23.4퍼센트에 비해 9퍼센트 확대되었다. 정부는 그동안 중단되었던 신한울 3, 4호기 건설을 재개하고, 원전 안전성 확보를 전제로 설계 수명이 만료한 기존 원전을 계속 운전할 계획이다. 이와 함께 원자력 발전에 가장 걸림돌인 고준위방폐물을 처리하기 위한 관리 방안도 검토하고 있다. 이러한 변화는 탄소를 거의 배출하지 않는 원자력을 최대한 활용해 2050 탄소 중립 목표와 2030 온실가스 감축 목표를 달성하기 위한 것으로 국제 경쟁력을 갖춘 원자력 산업의 생태계를 유지하기 위한 방편이기도 하다.

러시아-우크라이나 전쟁으로 에너지 안보 위기와 물가 폭등을 겪으면서 원자력에 대한 관심이 이전보다 증가했다. 특히 그동안 신규 원전 투자에 부정적이었던 미국과 영국조차도 새로운 원전 건설을 확대하면서 원전에 대한 우호적인 분위기가 형성되었다. 2022년 7월 6일, 유럽의회는 원자력 발전을 유럽연합 택소노미*에 포함시키는 것으로 의결했다. 택소노미는 금융회사들이 투자할 수 있는 녹색산업에 대한 가이드라인을 제시하기 때문에 앞으로는 원자력 발전 건설 시 금융권으로부터 자금을 원활히 조달받을 수 있다. 우리나라도 원전을 K-택소노미에 포함하고 있다.[89]

유럽에서는 프랑스, 체코, 폴란드 등이 신규 원전 건설을 추진 중이다. 자체 원전 건설 기술을 보유한 프랑스와 달리 체코와 폴란드는 외국 수주를 통해 원전을 건설해야 되는 상황이다. 우리 정부도 아랍에미리트UAE에 이어 두 국가에 원전을 수출하기 위해 주력하고 있다. 유럽은 2022년 6월 기준으로 17개국이 53기의 신규 원전을 추진할 정도로 원자력 발전의 활용을 높이는 방향으로 정책이 바뀌었다. 참고로 전 세계적으로 33개국에서 441기가 운영되고 있다.[90]

최근 들어 미국, 러시아, 중국, 프랑스, 한국 등 주요 국가에서 약 70여 종의 소형모듈원자로SMR, Small Modular Reactor(전기 출력 300메가와트 이하) 개발을 위한 연구가 활발히 진행 중이다.[91] 소형모듈원자로

---

* 택소노미(Taxonomy): 유럽연합의 녹색산업 분류 체계로 경제 활동하는 기업을 대상으로 친환경 기업으로 분류되기 위해 어떠한 조건을 충족해야 하는지 구체적인 기준을 담고 있다.

는 주요 기기들과 냉각 시스템을 하나의 용기에 담아 일체화시켜 작게 만든 원자로다. 배관이 파손되더라도 방사능 오염물질을 함유한 냉각수 유출 가능성이 없다는 것이 가장 큰 특징이다. 냉각수와 증기가 자연 대류로 순환해 기둥을 타고 열을 전달하면 2차 냉각수가 있는 파이프에 열을 전달해 증기를 발생시키는 구조로 되어 있다. 안전 문제 발생 시 전기식 작동이 아닌 중력에 의해 냉각수가 쏟아져 들어오는 수동 냉각 방식으로 되어 있어 사고위험이 낮다.

국제원자력기구에 따르면 세계 소형모듈원자로 시장은 2035년 630조 원 규모로 커질 전망이다. 연 평균 성장률 3.2퍼센트를 기록하며 2035년에는 소형모듈원자로 시장 규모가 650기~850기로 늘어날 것으로 예상된다. 앞으로 다양한 출력 규모의 소형모듈원자로가 보급된다면 당연히 건설 수요는 더욱 증가할 것이다.

소형모듈원자로는 기존의 대형 원전이 갖고 있던 여러 문제점을 보완한 차세대 원전으로 인식되지만 현재의 기술력으로는 사용 후 핵 원료 및 방사능폐기물 문제에서 완전히 자유롭지 않기 때문에 이를 처리하기 위한 과학적 해결책이 중요한 과제로 남아 있다.

지금까지 전력 공급의 측면에서 2030 온실가스 감축안을 정리해보았다. 사실 불필요한 전력 수요만 줄어들어도 공급 측면의 감축 목표 달성은 좀 더 수월할 것이다. 발전기업에만 탄소 감축의 모든 책임을 돌릴 수는 없다. 탄소 중립 사회가 이루어지려면 먼저 에너지 낭비를 줄이는 생활방식으로 바뀌어야 한다. 당장 불필요한 전등부터 끄자.

새로운 방식의 산업 공정 찾기

2030 온실가스 감축 목표NDC는 2018년 2억 6,050만 톤의 온실가스를 배출한 산업 부문에 대해 2030년에는 2,980만 톤을 줄여 2억 3,070만 톤만 배출할 것을 요구하고 있다. 2018년 대비 11.4퍼센트를 감축해야 한다. 전력 생산 부문이 45.9퍼센트, 건물 부문이 32.8퍼센트, 수송 부문이 37.8퍼센트 감축해야 하는 것에 비하면 그 비율이 낮다고 볼 수 있지만 경제성장 및 일자리와 직결된 부문이라 신중하게 접근할 필요가 있다.

철강 제조 과정에서 온실가스 줄이기

국내 철강산업의 온실가스 배출량은 2019년 기준으로 약 1억 1,700만 톤이다.[92] 국가 전체 배출량의 16.7퍼센트, 산업 부문의 30퍼센트를 차지하는 상당한 수치다. 철을 만들지 않으면 이산화탄소 배출도 없을 거라는 우스갯소리가 있을 만큼 철을 만드는 과정에서 엄청난 양의 이산화탄소가 배출된다. 우리나라는 세계6위의 철강 생산국가로 생산량의 약 38퍼센트를 수출한다(2021년 기준). 수출 규모 면에서 보자면 약 2,700만 톤을 수출하는 세계3위 철강 수출국가라 할 수 있다. 또한 철강 제조에 한정하더라도 약 10만 5,000명을 고용하고 있으며 산업 전후방에 미치는 영향이 자동차, 조선 등

보다 높다.[93]

세계철강협회와 국제에너지기구[IEA][94]에 따르면 2050년까지 철강 수요는 현재보다 더 증가할 것으로 보인다. 이에 따라 철강 생산도 지속해서 확대될 것으로 보인다. 지금까지는 철강 생산이 증가하면 그에 비례해 온실가스 배출량도 증가하는 경향을 보였다. 앞으로는 탄소 중립을 위해 철강 생산과 이산화탄소 배출 간의 디커플링이 이루어지지 않으면 안 된다. 철강 제품은 조선, 자동차, 전자제품, 석유화학 등 다른 제조업 공장을 설립하기 위한 뼈대이자 제품의 재료 또는 필수 구성 요소이기 때문에 온실가스 감축을 위한 조치들이 철강 생산을 축소한다면 산업 전반의 생산력을 떨어트릴 수 있다.

철강산업에서 온실가스 감축을 위한 접근 방식은 철강을 제조하는 방식에 따라 다르다. 일단 철강은 철광석과 코크스를 원료로 만들어진다. 철광석은 철이 대기 중 산소와 화학 반응해 만들어진 산화철로 된 암석이며 코크스는 석탄에서 수분, 수소 등을 없앤 순도 높은 탄소 덩어리다. 철강 제조 공정의 핵심은 코크스를 이용해 철광석에 붙은 산소를 떼어내 순수 철을 만드는 것이다. 하지만 코크스가 철에 붙은 산소를 떼어내는 과정에서 이산화탄소가 배출된다. 이산화탄소 배출을 원천적으로 막으려면 코크스 대신 다른 물질을 이용해 철에 붙은 산소를 떼어내야 하는데, 수소를 사용해 산소를 떼어내어 이산화탄소 대신 물을 배출하는 수소환원제철공법은 상용화되기까지 다소 시간이 걸릴 것으로 보인다.

기존 공법

철광석 Fe$_2$O$_3$ + 석탄 C = 철강 Fe

이산화탄소 CO$_2$

수소환원제철공법

철광석 Fe$_2$O$_3$ + 수소 H$_2$ = 철강 Fe

물 H$_2$O

현재 철강은 고로* 공정과 전기로** 공정으로 만들어진다. 철과 코크스를 고로에서 녹이는 방식을 '고로 공정'이라 하고, 철 스크랩을 원료로 전기로 열을 발생시켜 철강을 만드는 방식을 '전기로 공정'이라 한다.

고로 공정은 품질 높은 철강을 싸게 만들 수 있지만 많은 양의 이산화탄소를 배출한다. 전기로 공정은 스크랩이라는 재활용 철을 전기로에 열을 발생시켜 철강을 만들기 때문에 고로 공정에 비해 이

---

* 고로: 대용량 설비로 코크스를 발열원으로 사용하며 철광석을 용융시켜 선철을 제조하는 제철 설비. 용광로의 높이가 높아 '고로'라고 한다.

** 전기로: 전기 에너지로 철 스크랩을 녹여 강을 만드는 시설로 철에 적절한 성분을 조절하여 강철을 만드는 제강 설비. 고로와는 달리 용량이 적고 철강이 아닌 다른 분야에서 다양한 형태로 널리 사용되고 있다.

산화탄소 배출이 상대적으로 적지만 철 스크랩에 불순물이 많을 경우 품질이 좋지 않다는 단점이 있다.

포스코 등 세계적인 철강회사들은 2050년까지 탄소 중립 달성을 목표로 수소환원제철공법을 적용할 계획이다. 또한 고로 공정 방식보다는 전기로 공정 방식을 보다 확대하고, 철 스크랩을 다량 투입할 수 있는 기술과 고로 공정을 사용하더라도 원료인 코크스를 만들 때 에너지를 적게 사용하는 방식 등을 온실 감축 방안으로 제시하고 있다.

시멘트 생산에서 발생되는 온실가스 줄이기

석회석을 주원료로 철광석, 점토를 추가해 미세하게 분쇄한 후 1,500도에 이르는 소성로에서 가열하면 시멘트의 중간 제품인 '클링커'라는 돌덩어리 같은 것이 만들어진다. 이 클링커와 석고를 혼합해서 미세하게 분쇄한 후 포장하면 우리가 아는 시멘트가 된다. 문제는 클링커를 만드는 소성 과정에서 두 가지 방식으로 이산화탄소가 배출된다는 것이다. 하나는 높은 온도로 석회석$_{CaCO_3}$을 가열하면 산화칼슘으로 변하면서 이산화탄소가 발생하고, 또 다른 하나는 고열을 만들기 위해 원료로 사용하는 유연탄이 연소되면서 이산화탄소가 배출된다.

2019년 시멘트 생산량은 5,400만 톤이었으며 온실가스 배출량은 2,400만 톤에 달했다. 수치상으로만 보면 시멘트 1킬로그램을 생산할 때 0.4킬로그램의 온실가스가 배출된다고 볼 수 있다.[95] 앞서 언급한 대로 시멘트는 건축물, 도로, 공항, 항만 등 도시 기본 인프라를 구성하는 데 필수라서 온실가스 감축을 위해 시멘트 생산을 무조건 감축할 수는 없다.

온실가스 감축을 위해서는 다음의 두 가지 접근법이 필요하다. 우선 소성로를 가열하기 위해 사용되는 연료인 유연탄을 폐합성수지 또는 폐타이어로 대체하는 방안이다. 대부분의 유연탄을 수입해오고 있기 때문에 플라스틱 사업장이나 자동차 정비업체 등에서 얻을 수 있는 폐합성수지, 폐타이어를 사용하면 온실가스 감축과 더불어 수입 대체 효과도 가져올 수 있다. 참고로 소성로는 1,500도 이상의 상당히 높은 온도이므로 폐합성수지, 폐타이어에 있는 유해 물질의 많은 부분까지 완전 연소될 수 있다.[96] 다음 방법은 산화칼슘을 추출하기 위한 원료인 석회석의 사용을 줄이는 것이다. 산화칼슘을 함유한 산업 부산물을 대신 사용한다든지, 제철소의 부산물인 철 슬래그나 발전소의 석탄 재활용을 확대하는 방안 등이 제시되고 있다.

앞으로도 신도시 건설 등 시멘트의 수요가 늘었으면 늘었지 줄지 않는 환경이라면 지속해서 연료와 원료를 전환해 온실가스를 감축해나가야 한다. 그동안 폐합성수지나 석탄재 같은 대체 연료와 원료를 사용하는 비중이 늘곤 있지만 여전히 유럽연합 평균(46퍼센트, 2017년 기준)에는 미치지 못하는 수준(23퍼센트, 2018년 기준)이라 비중을 확대할 필요가 있다.

석유 화학물의 대체재 찾기

1940년 5월 15일 유럽 대륙이 제2차 세계대전의 전장에서 분투하고 있을 때 미국 여성들은 전혀 다른 양상의 전쟁을 치르고 있었다. 나일론으로 만든 스타킹이 뉴욕 백화점에서 처음 판매된 그날에만 이를 구입하기 위해 수천 명이 넘는 여성들이 장사진을 이루었다. 단 4일 만에 미국 전역에서 400만 켤레의 스타킹이 판매되는 역사적인 기록을 남길 정도였다.

스타킹으로 시작된 나일론은 이후 가장 광범하고 중요한 섬유로 각광받았다. 미국 듀퐁사의 월리스 캐러더스가 발명한 나일론은 석탄에서 추출한 벤젠을 원료로 합성한 폴리아마이드 계열의 합성섬유로, 출시 단계에서부터 폭발적인 인기를 끌었다. 이후 기술의 발달로 석유 정제 시 만들어진 납사를 이용해 보다 효율적인 대량생산이 가능해졌다. 면 100퍼센트가 아닌 다음에야 우리가 입고 있는 모든 옷에는 나일론이 섞여 있다. 나일론을 시작으로 다양한 석유화학제품이 일상생활에 물밀듯이 침투하면서 우리 생활은 석유로 만들어진 제품 없이는 생활이 불가능할 정도가 되었다.

나일론만큼 다양하게 쓰이며 익숙한 합성제품이 플라스틱이다. 1933년 재발견된 폴리에틸렌에 기초한 플라스틱은 산업의 발달과 함께 그 쓰임새가 다양해져 현재는 다양한 합성 물질을 이용해 만들어지고 있다. 각종 일회용 컵이나 그릇에서부터 자동차 엔진에도 사용되는 강화플라스틱, 더 나아가 OLED 디스플레이, 인공관절 등에도 플라스틱이 사용된다.

석유화학산업은 2018년 4,600만 톤의 온실가스를 배출했다. 석유에서 납사를 추출하는 과정에서 온실가스가 발생한다. 석유화학산업에서 온실가스를 줄이는 방안으로는 제품공정에서 재료를 가열하기 위해 사용된 중유를 대체하거나 대부분의 화학섬유와 플라스틱의 원료인 납사를 다른 바이오 원료로 전환하는 방안이 있다. 유럽에서는 2030년까지 석유화학물의 약 25퍼센트를 바이오 원료로 대체할 목표를 가지고 있다.[97]

마지막으로 일상생활이나 물류 산업, 가전제품 등에서 사용되고 폐기되는 플라스틱을 수거하여 분쇄, 세척, 화학 처리 후 재사용하게 되면 새로운 납사 사용을 줄여 온실가스 배출을 감축할 수 있다.

--------- **건물의 에너지 효율 끌어올리기** ---------

학생들은 학교에서 수업을 듣고 회사원들은 사무실에서 업무를 하다 집으로 돌아온다. 가족들이 기다리는 집은 따뜻하고 편안하다. 우리는 집에서 가족과 식사를 하고 따뜻한 물에 목욕을 하며 포근한 잠자리에 드는 것을 당연하게 생각한다. 하지만 따뜻한 냉난방시설과 수세식 화장실, 환한 조명과 주방 요리 시스템 등 집의 편리한 기능이 완전히 작동하려면 많은 에너지가 필요하다. 당장이라도 전력

과 도시가스, 열병합 난방과 물 공급이 없다고 가정해보자. 며칠만 지나면 악취와 오물이 넘치는 집이 되고 말 것이다.

우리가 사는 집을 포함해 우리나라 건물의 전체 수는 2018년 기준으로 약 719만 동이며, 온실가스 배출량은 전력과 지역난방까지 포함하면 1억 7,920만 톤에 이른다. 산업 다음으로 큰 비중이다.[98] 정부는 건물의 에너지 사용량을 줄이기 위해 2030년까지 새롭게 신축되는 연 면적 500제곱미터 이상의 대형 공공건물은 에너지 소비를 최소화하면서 신재생 에너지를 사용하여 60퍼센트 이상 에너지 자립률을 갖춘 '제로에너지건축물(3등급) 규정'을 의무화할 계획이다. 또한 신축 아파트 등 30세대 이상 공동주택도 2025년까지 에너지 자립률이 20퍼센트 이상인 '제로에너지건축물(5등급) 규정'을 맞추도록 할 예정이다.[99]

기존 건축물의 경우 단열과 설비 개선에 힘쓰고 에너지효율이 높은 가전, 사무, 조명 기기를 사용할 뿐만 아니라 불필요한 에너지 사용을 자동으로 통제하고 제어하는 에너지 최적관리시스템BEMS, Building(Home) Energy Management System을 보급, 확산할 계획이다.

이동 수단 바꾸기

전기자동차의 시대가 성큼 다가오고 있다. 테슬라를 비롯한 세계적인 자동차 회사들은 매년 더 오래 달리면서 빠르게 충전이 가능한 미래 지향적인 자동차 모델로 소비자의 눈길을 끌고 있다. 2030년이 넘어가면 가솔린 차량을 생산하는 제조사를 찾아보기 힘들 수도 있다. 아파트 지하 주차장에 코드를 꼽은 전기차가 대다수를 차지할 날도 멀지 않은 듯 보인다. 그런데 사실 전기차는 가솔린차보다 먼저 세상에 모습을 드러냈다.

1864년 오트리안 엔지니어인 지그프리드 마르쿠스Siegfried Marcus가 가솔린 엔진차를 개발하기 전인 1828년 헝가리 태생의 발명가 아니오스 예들리크Ányos Jedlik가 소형 전기차를 발명한 데 이어 1842년경 미국인 토머스 데이븐포트Thomas Davenport와 스코틀랜드 출신의 로버트 데이비드슨Robert Davidson이 배터리를 장착한 전기기관차를 선보였다.

1891년에는 윌리엄 모리슨William Morrison에 의해 여섯 명이 탈 수 있는 실용적인 전기차가 만들어졌다. 자동차 산업 발달의 초창기인 당시만 해도 전기차와 가솔린차가 모두 판매되었다. 심지어 1900년대 초만 해도 전기차가 가솔린차보다 인기가 더 좋았다. 가솔린차에 비해 전기차는 진동과 소음이 덜했고 매캐한 가스 타는 냄새도 없었으며 다루기 힘든 기어박스와 시동을 걸기 위해 힘껏 손 페달을 돌려야 하는 수고스러움도 없어 운전하기에 상대적으로 편했다.

하지만 텍사스 등 여러 지역에서 원유가 개발되면서 가솔린 가격이 하락하고, 전기 시동 스타터의 개발과 포드사의 대량생산으로 가격마저 가솔린차가 경쟁력을 갖추자 당시 도시 내 짧은 거리만 주행이 가능했던 전기차는 점차 역사의 뒤안길로 사라졌다. 그러던 것이 아이러니하게도 21세기 들어 배터리 기술이 발달하자 전기차가 다시 부활한 것이다.[100]

수송 부문의 온실가스 배출량은 2018년 9,810만 톤으로 2030년 목표량인 6,100만 톤을 달성하려면 37.8퍼센트를 감축해야 한다. 2030 온실가스 감축 목표NDC를 달성하기 위해서 수요와 공급 측면에서 접근할 수 있다. 우선 수요 측면에서 정부는 시민들이 자가용보다 대중교통을 이용할 수 있도록 버스나 지하철, GTX 등을 확충해나가고 지역 거점별로 불편함 없이 대중교통을 이용할 수 있는 환승 체계를 확충할 계획이다. 아울러 대중교통 하차 후 목적지까지 편하게 갈 수 있도록 자전거나 킥보드 등의 퍼스널모빌리티까지 원스톱으로 이용할 수 있는 마스MaaS, Mobility as a Service 체제를 활성화할 예정이다. 이런 과정을 통해 자동차 주행거리를 지속해서 감축해나갈 방침이다.

수요 관리만으로 온실가스 감축 목표량을 달성할 수 있다면 좋겠지만 현실적으로 수송 부문에서 탄소를 줄일 수 있는 가장 효율적인 방법은 현재 운행되고 있는 자동차를 바꾸는 것이다. 정부는 우선 주행거리가 길어 탄소 배출이 많은 오래된 경유 버스와 영업용 자동차를 새로운 차량으로 대체해 이산화탄소 배출량을 줄여나가는 동시에 내연 자동차를 아예 탄소를 배출하지 않는 전기차량과 수소차량으로 바꿔나갈 계획이다. 국가 탄소 중립 녹색성장 기본 계획에서는 2030년까지 450만 대의 전기, 수소차를 보급하는 것을 목표로 하고 있는데, 자동차 판매에 있어 전기, 수소차 비중을 40~50퍼센트 정도로 끌어올리는 것을 전제로 하고 있다.

참고로 유럽연합은 2030년 기준으로 전기, 수소차의 판매 비중을 46퍼센트 수준으로 올리겠다는 목표를 갖고 있다. 미국은 2027년에서 2032년까지 신차의 가스 배출 허용량을 연 평균 13퍼센트씩 감축해나가기 위한 방책을 모색 중이며 2032년에 판매되는 신차의 약 67퍼센트 정도를 전기차가 차지할 것으로 전망하고 있다.

2030년 세계의 전기차 비율은 전체 자동차 판매의 57퍼센트로 상승할 것으로 전망되고 있다.[101] 전기차에 투입되는 부품이 내연기관의 3분의 1 수준밖에 되지 않는다는 점을 감안하면 한국이 전기차 시장에서 경쟁력을 확보하고 협력업체에 안정적으로 일자리를 제공하기 위해서라도 노사정 간의 협력을 통한 전기차로의 발 빠른 전환이 시급하다. 참고로 2021년 현대차의 전기자동차 세계시장 점유율은 5위(20만 대 판매)로 2020년 대비 80퍼센트 성장했는데, 2030년까지 국내 연간 생산량을 151만 대로 확대하고 글로벌 전기차 생산량은 364만 대로 계획하고 있다.[102]

한편 전기차에 사용된 2차전지는 에너지저장시스템ESS으로 사용될 수도 있어 앞으로 전기차는 수송뿐만 아니라 전기를 저장하고 공급하는 유사 발전소로서의 역할도 겸할 것이다. 현재 자동차용 2차전지는 리튬이온전지다. 1871년에 발견된 리튬은 타금속에 비해 이온화가 쉽게 이루어져 전력 생산이 용이하고 에너지 밀도가 높아 크기를 작게 만들 수 있다.[103] 앞으로 2차전지 시장에서는 더 빠르게 충전할 수 있고 화재의 위험 없이 더 멀리 갈 수 있는 전지를 출시하는 쪽이 강자로 떠오를 것이다.

　지상의 운송 수단인 자동차만큼은 아니지만 내연기관으로 운행되는 선박과 항공기도 온실가스를 배출한다. 전기차보다 훨씬 높은 출력을 장기간 유지해야 하는 선박과 항공기는 연료를 모두 2차전지로 대체하기엔 무리가 있다. 화석연료만큼의 출력을 얻으려면 상당히 많은 양의 2차전지가 필요하기 때문에 대규모의 운송을 담당하는 선박은 그 기능을 상실할 우려가 있고 항공기는 무거워진 무게로 항공에 부담을 줄 수 있다. 따라서 두 운송 수단은 2차전지로 대체하기보다는 다른 방식으로 탄소 배출을 줄여나가야 한다.

　항공은 2010년 국제민간항공기구ICAO, International Civil Aviation Organization에서 2050년까지 연료 효율을 연 2퍼센트씩 개선하기로 했으며, 2030년 온실가스 감축 목표에서는 연 1.0퍼센트씩 효율을 개선해나가는 것을 목표로 삼고 있다. 또 부족한 부분은 배출권 거래제를 활용하는 방식을 생각하고 있다.

　선박은 경유와 중유(특히 벙커유)를 적절히 혼합해 연료로 사용하는데, 국제해사기구IMO, International Maritime Organization*는 전 세계적인 탄소 중립에 맞춰 2050년까지 온실가스 배출총량을 2008년 대비 50퍼센트까지 줄이기로 했던 기존 목표를 100퍼센트로 상향시키기로 했다. 또한 2020년부터 연료에 함유된 황산화물 비중을 현

＊　　국제해사기구: 선박의 항로, 교통 규칙, 항만 시설 등을 국제적으로 통일하여 국제해운의 안전과 항행의 능률화를 꾀하는 국제연합의 전문기구

행 3.5퍼센트에서 0.5퍼센트로 줄이도록 규제했다. 갈수록 중유를 쓰는 것이 어렵기 때문에 온실가스 배출이 적은 액화천연가스LNG를 연료로 사용하는 선박 비중을 차차 높여 나갈 필요가 있다. 감축량을 달성하기 위해 2030년까지 액화천연가스LNG나 하이브리드 선박의 도입을 추진 중이다. 또한 소형선박들은 전기화도 고려하고 있고, 수소와 대기에서 포집된 탄소를 결합한 합성연료e-fuel를 사용하는 방안과 암모니아를 이용한 수소전지 방식의 도입도 연구되고 있다.

─── 농사짓고 가축을 키우는 방법 바꾸기 ───

농축산 부문에서 배출하는 온실가스량은 2,470만 톤(2018년 기준)으로 총 배출량의 3.4퍼센트에 해당하지만 배출되는 온실가스가 대부분 메탄이라는 데 심각성이 있다. 메탄은 온난화 지수가 1인 이산화탄소에 비해 21로 그 수치가 매우 높아 지구온난화의 30퍼센트 정도의 책임이 있다고 알려져 있다.[104]

국제연합식량농업기구 FAO에 따르면, 2050년 세계 인구는 98억 명에 육박하고 인구 증가와 소득의 향상으로 육류 소비가 2018년 대비 50퍼센트가량 증가할 것으로 예상되고 있기 때문에 가축 사육에 따른 온실가스 배출량을 줄이는 것이 다른 어떤 부분보다 쉽지 않다는 우려가 있다.

메탄 배출원 및 배출량[118]

부문	농축산					폐기물	에너지	산업 공정 등	총계
	장내 발효	가축 분뇨 처리	벼 재배	작물 잔사 소각	계				
배출량	4.5	1.4	6.3	0.01	12.2	8.6	6.3	0.9	28.0
비중 (퍼센트)	16.1	5	22.5	0.03	43.6	30.8	22.5	3.1	100.0

* 2018년 기준, 단위: 백만 톤CO_2eq
* 출처: 탄소중립녹색성장위원회

이에 대한 대응책으로 미국과 유럽연합을 중심으로 2030년까지 2020년 대비 전 세계 메탄 배출량을 30퍼센트 이상 감축한다는 '국제메탄서약Global Methane Pledge'이 체결되었다. 우리나라도 제26차 유엔기후변화협약당사국총회COP26가 개최된 2021년 11월 서약에 동참해 상당한 양의 메탄을 줄여야 하는 실정이다.

그렇다면 농축수산물의 어떤 부분에서 온실가스가 배출되는 걸까? 제일 먼저 소를 살펴보자. 소는 되새김질을 통해 식이섬유를 잘게 부수고 이후 첫 번째와 두 번째 위에서 미생물을 통해 발효시켜 영양분을 흡수한다. 이 미생물이 발효되는 과정에서 트림과 방귀를 통해 메탄이 배출된다. 이렇게 배출되는 배출량이 전체 메탄 배출의 16퍼센트를 차지할 정도다. 그런데 소보다 더 많은 메탄이 우리의 주식인 쌀 재배 과정에서 나온다. 더군다나 우리의 오랜 전통 농법인 물을 가득 채운 벼농사 방식이 그 주요인이다.[105]

볏짚 등 유기물이 가득한 논에 물을 채우면 산소가 결핍되는데, 이때 혐기성 미생물이 유기물을 분해하면서 메탄이 발생한다. 3월경부터 논에 물을 가두기 시작해서 9월 초 이삭이 익어 완전히 물을 뺄 때까지 중간중간 물을 빼는 시기를 제외하고는 계속해서 메탄이 배출된다고 볼 수 있다. 특히 5월 모내기 때는 물을 깊이 대기 때문에 그만큼 배출량도 많아진다.

농업은 메탄 외에도 또 다른 온실가스인 아산화질소도 배출한다. 배출량이 적다고는 해도 지구온난화 지수가 310으로 메탄보다 높으며 대기 중 체류 기간도 114년이나 된다.[106] 화학비료의 비중이 늘어남에 따라 아산화질소의 배출량도 증가했다. 문제는 화학비료를 식물에 배포하면 식물이 필요한 정도만 흡수하고 나머지는 토양에 남는다는 데 있다. 이 남아 있는 질소가 미생물에 의해 아산화질소가 되어 대기로 배출되는 것이다.

농축산 부문에서 배출되는 메탄과 아산화질소를 감축하기 위해 가축 부문에서 고려되는 대안으로는 소 사육 과정에서 메탄 발생을 억제하는 것이다. 농림부에 따르면 약용식물이나 해조류 등의 추출물을 이용해서 장내 발효로 배출되는 메탄을 최소화하는 사료를 개발하여 2030년까지 한육우와 젖소 사료의 30퍼센트를 보급할 계획이다.[107] 아울러 가축 분뇨의 대부분이 퇴비나 액비 형태[108]로 토양에 살포되는 방식을 개선해서 정화 처리하는 비중을 2020년 10퍼센트에서 2030년까지 25퍼센트로 확대할 예정이다. 더욱이 가축 분뇨의 메탄을 에너지화하는 비중도 2020년 1.3퍼센트에서 2030년까지

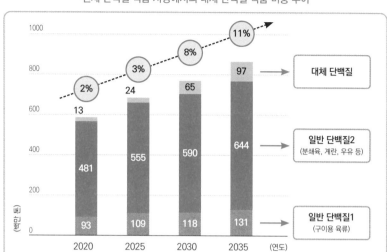

전체 단백질 식품 시장에서의 대체 단백질 식품 비중 추이

* 출처: US Department of Agriculture; Euromonitor; UBS; ING; Good Food Institute; BlueHorizon & BCG, 연구자

15퍼센트로 올릴 예정이다. 이와 함께 가축 분뇨를 고온 처리하고 압축하여 바이오매스를 만들거나 바이오 플라스틱을 생산하는 방안도 강구되고 있다.

　육류 소비를 식물성 단백질을 기반으로 한 제품이나 배양육으로 대체하는 방식도 제안되고 있다. 한 연구에 의하면 대체 단백질 식품의 규모가 2020년 전체 단백질(육류, 달걀, 우유 등) 시장의 2퍼센트 정도에서 2035년에는 11퍼센트까지 확대될 것이며, 특히 대체 육류는 2040년이 되면 전 세계 육류 소비의 60퍼센트 이상을 차지하며 기존 육류 시장을 대체할 것으로 전망하고 있다.[109] 기존 단백질 식품과 비교해서 비용, 맛, 식감 모든 부분에서 견줄 수 있는 시기로는 식물성은 2023년, 미생물 발효는 2025년, 세포 배양은 2032년이면 가능할 것으로 예측하고 있어[110] 먹거리 시장의 변화도 점차 확산될 것 같다.

벼 재배와 관련해서는 벼 생장기 중 물이 필요 없는 시기에 논물을 빼주는 등 논물 관리 방식의 개선을 정부 차원에서 꾀하고 있다.

비료는 적정량을 살포하여 여분에서 아산화질소가 발생하는 것을 미연에 방지하는 것이 중요하다. 이에 농가별 비료 구매 이력을 관리하고 작물별로 적정 비료 사용 매뉴얼을 보급해 필요한 만큼의 비료만 사용될 수 있도록 유도할 계획이다.[111]

한편 우리나라의 연간 음식폐기물은 2019년 기준으로 520만 톤에 이르며 이는 하루 평균 1만 4,000톤에 달하는 수치다. 음식물을 낭비하지 않는 소비 습관이야말로 메탄과 아산화질소를 줄이는 길임을 잊지 말아야 한다.

—— 나무를 키우고 가꾸는 일보다 중요한 건 없다 ——

산업화 이후 인류는 계속해서 대기 중에 온실가스를 배출해왔다. 전력을 생산하는 과정에서, 산업 공정에서, 심지어 집에서 생활하고 차를 타고 장을 보며 음식을 요리해서 가족 모두가 즐거운 저녁 시간을 보낼 때조차 온실가스를 배출했다.

　그렇다면 1850년부터 150년이 넘는 시간 동안 배출된 온실가스, 특히 이산화탄소는 배출된 그대로 누적만 되어왔을까? 균형을 찾아 움직이는 지구 생태계가 가만있지만은 않았을 것이다. 어딘가에서는 늘어나는 이산화탄소를 흡수하는데 산림의 광합성이 그 역할을 해왔다.

　나무는 햇빛, 이산화탄소, 물을 이용해 광합성을 하며 이때 포도당과 산소를 만들어낸다. 산소는 나무 밖으로 배출되어 지구의 모든 생명이 살아갈 수 있는 기반을 마련하고 포도당은 녹말, 단백질, 당분으로 합성되어 식물의 에너지원으로 쓰인다. 나무는 이러한 양분을 통해 자라고 새잎을 틔우며 풍성해진다. 하지만 산림청에 따르면 나무는 나이가 들수록 성장이 더디고 흡수하는 이산화탄소량도 줄어든다. 뿐만 아니라 수많은 나무로 이루어진 산림도 시간이 지날수록 나무의 개체 수가 감소하면서 산림 전체의 성장이 더디고 이산화탄소 흡수량도 감소한다.

　우리나라 대부분의 산림은 1970년대와 1980년대에 조성되어 30~40년생 된 산림이 전체 산림의 3분의 2를 차지한다. 이산화탄소 순 흡수량은 2008년 6,149만 톤을 기점으로 하락해 2018년에는 4,560만 톤에 그쳤다. 특히 이상 기후로 산불 피해를 입은 산림 면적이 1980년대는 연평균 1,100헥타르 정도였지만 2000년대 들어서는 3,700헥타르로 확대되었다는 점을 고려하면 2050년에는 51년생 이상 되는 산림의 면적이 72.1퍼센트로 증가하고 빈번한 산불 피해로

산림의 이산화탄소 흡수량은 1,520만 톤 수준으로 상당히 떨어질 것으로 보인다.[112]

산림을 제외하고는 대규모로 이산화탄소를 흡수할 수 있는 방안이 마땅치 않은 상황에서 산림의 흡수 능력을 키우는 것이 무엇보다 중요하다. 어린나무를 많이 심어 산림의 연령을 낮추고 도시 숲을 조성하거나 농사를 짓지 않는 유휴 농지에 조경수나 유실수를 심는 것이 주요 대안으로 제시되고 있다.

아울러 탄소 저장 능력이 있는 목재는 건축 재료와 일상 생활용품 등에 사용하면 탄소 감축을 늘릴 수 있다. 더욱이 목재품은 플라스틱을 대체할 수도 있고 산림 바이오매스는 재생 에너지 연료로 인정받고 있어 탄소 감축에 주요한 역할을 한다.[113] 산림 외에도 습지 조성, 댐 유역의 정화림이나 수변 녹지 등이 온실가스 흡수원으로 제시되고 있다. 2030 온실가스 감축 목표NDC에서는 산림 등을 통해 온실가스 2,670만 톤을 흡수하는 것을 계획하고 있다.

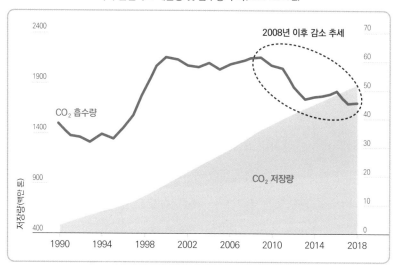

국가 온실가스 배출량 및 흡수량 추이(1990~2018년)

2008년 이후 감소 추세

CO_2 흡수량

CO_2 저장량

저장량(백만 톤)

* 출처: 산림청

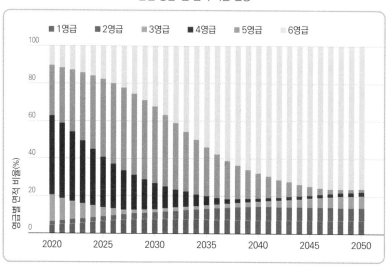

산림 영급*별 면적 비율 전망

■1영급 ■2영급 ■3영급 ■4영급 ■5영급 ■6영급

영급별 면적 비율(%)

* 영급 : 수목의 나이를 10년 단위로 구분, 1영급은 1~10년생, 2영급은 11~20년생
* 출처: 산림청

과학기술을 활용한 탄소 포집

배출되는 이산화탄소를 산림이나 습지 등을 활용해서 흡수하는 방식이 가장 좋지만 수목을 아무 장소나 무조건 심을 수 있는 것도 아니고 시간도 오래 걸리므로 빠른 속도로 증가하는 이산화탄소의 배출량을 막기에는 역부족이다. 이에 과학기술을 활용한 탄소 포집·활용·저장 기술CCUS, Carbon Capture Utilization and Storage이 이에 대한 대안으로 떠오르고 있다.

탄소 포집·활용·저장 기술CCUS은 탄소를 포집해 이용하거나 저장하는 탄소 감축 기술을 일컫는다. 탄소를 포집한다는 것은 석탄 발전소나 철강, 시멘트 공장 등에서 나오는 이산화탄소를 특수 약품이나 필터를 이용해 별도로 흡수하는 것을 말한다. 탄소 포집·저장 기술CCS, Carbon Capture Storage은 포집된 이산화탄소를 지하 깊숙이 저장하기 위한 기술인 반면, 탄소 포집·활용 기술CCU, Carbon Capture Utilization은 이산화탄소를 활용해서 에틸렌카보네이트, 그린디젤, 시멘트 등을 만드는 기술이다. 2030 온실가스 감축 목표NDC에서는 탄소 포집·활용·저장 기술CCUS을 통해 1,120만 톤의 이산화탄소를 흡수할 계획이다.

탄소 포집·저장 기술CCS은 석유기업들이 유전에 남아 있는 석유를 추출하기 위해 지하에 이산화탄소를 주입해서 압력을 높이던 기술EOR, Enhanced Oil Recovery과 유사하다.[114] 그래서 석유기업들이 관련 노하우를 활용해 탄소 포집·저장 기술ccs 사업에 진출하고 있다. 그동안 탄소 배출에 일조해오던 석유기업들이 탄소 해결사로 등장한 것은 아이러니하다. 우리나라에서도 석유공사가 동해가스전에 이산화탄소를 저장하는 탄소 포집·저장 기술ccs을 실증하는 사업을 맡고 있다. 2021년 기준으로 노르웨이 슬라이프너 프로젝트(연 100만 톤), 캐나다 퀘스트 프로젝트(연 100만 톤), 미국 일리노이 프로젝트(연 130만 톤) 등 전 세계적으로 19개 프로젝트가 상용 규모라고 할 수 있는 연간 50만 톤이 넘는 탄소 포집·저장 기술ccs을 운영 중이며 305개의 프로젝트가 실증을 완료했거나 진행하고 있다.[115]

이산화탄소를 활용하는 방안ccu에는 보통 열이나 햇빛, 전기, 효소 등을 이용해 수소 등과 결합시켜 연료나 기초화학제품 등을 만드는 화학 전환 방식과 이산화탄소로 미세조류를 배양한 뒤 바이오매스화하여 연료로 이용하거나 화장품, 식품, 의약품 등의 소재로 사용하는 생물 전환 방식, 이산화탄소를 탄산염 형태로 전환한 다음 폐콘크리트, 석탄재, 철강 스래그 등과 반응시켜 건설 소재나 화학제품 연료 등을 만드는 광물 탄산화 방식이 있다.

2021년 아직 우리나라는 탄소 포집·활용·저장 기술ccus에서 기술 확보나 실증 단계 정도이지만 유럽연합, 미국, 일본 등은 화학 전환을 통한 메탄올 생산을 상용화한다든지 광물 탄산화로 시멘트 대체 물질을 생산하는 등 기술 측면이나 상용화에서 앞서 있다.[116] 일부 보고서에서는 탄소 포집·활용·저장 기술CCUS 시장 규모가 2025년에는 33억 달러에 이르며, 3억 7,000톤의 이산화탄소를 활용하게 될 것이라 전망하고 있어[117] 우리도 탄소 포집과 저장, 이용 기술에 대한 선제적인 투자와 지원으로 관련 시장에 적극 진출할 필요가 있다.

다른 나라를 통한 온실가스 감축도 가능하다

이산화탄소 배출을 줄이는 것이 쉽지 않다 보니 「파리협정」에서는 국외 감축을 허용하고 있다. 국외 감축 시스템은 국내 기업이 다른 나라에서 온실가스 감축 사업을 추진해 그 성과에 대해 국제적으로 이전 가능한 감축 실적ITMO, Internationally Transferred Mitigation Outcome을 얻게 되면 이를 국내 감축량으로 인정해주는 것이다. 우리나라 2030 온실가스 감축 목표NDC에서는 3,750만 톤을 국외 감축 목표로 설정하고 있다.

이 감축량은 산업의 감축량 2,900만 톤이나 건물 1,710만 톤, 수송 2,310만 톤, 산림 2,670만 톤보다 많고 2030년까지 시간이 많이 남아 있지 않기 때문에 국외 감축 사업을 진행할 국내 기업을 대상으로 후보 국가의 행정, 법률, 세제 등에 대한 정보 공유 등 정부의 적극적인 지원이 무엇보다도 필요하다. 특히 사업의 불확실성을 제거하려면 감축 실적에 대한 양국 간 배분 기준과 사업 추진·운영·관리 등에 대한 양국의 협정이 선행되어야 한다.

한편 2021년 기준으로「교토협정」에 근거해 124건의 청정개발체제CDM, Clean Development Mechanism 사업을 국내 기업들이 진행해오고 있는 만큼 이를「파리협정」의 국외 감축 사업 실적으로 인정받는 작업도 진행해야 한다. 참고로 현재 청정개발체제CDM를 시행하고 있는 기업은 2023년 12월 31일까지 사업 대상(호스트) 국가에 청정개발체제CDM 사업을「파리협정」6.4조에 의한 국외 감축 사업으로 전환을 요청해야 하며, 해당 국가(호스트)는 2025년 12월 31일까지 사업 전환을 승인하고 그 결과를 앞으로「유엔기후변화협약UNFCCC」산하에 설립될 감독기구에 제출해야 한다.

아울러 간과하지 말아야 할 점이 청정개발체제CDM에서는 선진국들에만 감축 의무가 부과되어 있어 감축 실적을 온전히 선진국 국내로 이전하여 국내 감축량으로 사용할 수 있었지만「파리협정」체제하에서는 개발도상국도 2030 온실가스 감축 목표NDC를 수립해 감축 의무를 지고 있다는 점이다. 상응 조정 원칙에 의해 선진국이 감축 실적을 많이 가져갈수록 개발도상국의 감축량은 줄어들어 손해를 볼 수 있어 선진국과 개발도상국 간의 감축 실적 배분 문제가 첨예할 수 있다. 철저한 준비가 중요하다.

탄소 중립을 위한
변화와 혁신

─── 기업 경영의 핵심 가치 ESG ───

"이 자켓을 사지 마세요.Don't buy this jacket"는 지구 환경에 대한 정치적 메시지를 과감하게 표명하고 나선 의류 브랜드 파타고니아의 대표 슬로건이다. 2011년 블랙프라이데이에 파타고니아는 옷을 사고 버리는 것이 얼마나 심각한 환경 문제인지 〈뉴욕타임즈〉에 전면 광고를 함으로써 대중에게 알리면서 이목을 끌고 구매 심리마저 자극했다. 결과적으로 의미 있는 행동에 꽂힌 MZ 세대를 중심으로 강력한 팬덤을 형성했다. 한편 자전거를 즐겨 타던 디자이너 형제가 비내리는 날 서류를 안전하게 보관하기 위해 만든 가방이 있다. 트럭덮개로 쓰이는 방수 재질의 타포린 소재로 만든 프라이탁Freitag 가방이다. 이 가방은 비싼 가격에도 불구하고 환경에 민감한 젊은 세대에 최고의 인기를 끌고 있는 업사이클링 제품이다. 이처럼 기업의 사회적·환경적 책임, 즉 기업의 ESG 경영 활동을 평가하여 물건을 구입하는 소위 '의식 있는 소비'가 젊은 층 너머 사회 중심으로 확산되고 있다.

ESG는 글자 그대로 환경Environment, 사회Social, 지배구조Governance의 앞 글자를 따서 만든 용어로 1987년 유엔환경계획UNEP의 〈우리들이 공유하는 미래Our Common Future〉 보고서에서 제시된 '지속가능한 발전'에 뿌리를 두고 있다. ESG 개념이 기업경영 활동에 중요해진 것은 2015년 「파리협정」과 세계 최대 자산운용사 블랙록BlackRock의 ESG 강조로 각국 정부와 투자들이 본격적으로 ESG 기업경영을 위한 규제 도입을 검토하면서부터다.

ESG 규제의 방점은 투자자 등을 위한 공시기준을 마련하는 것이다. 기업의 지속가능성에 지대한 영향을 미치는 비재무적 정보를 자본시장에 공시함으로써 투자자들의 판단을 돕고 기업 행태를 개선하는 것을 목적으로 하고 있다. 현재 ESG 공시기준은 국제적으로 큰 영향을 미칠 수 있는 유럽연합, 미국 증권거래위원회SEC, 국제회계기준재단IFRS이 주도적으로 마련하고 있다. 이에 따르면 해당 지역에서 사업하는 기업들은 의무적으로 ESG 운영 시스템과 성과 결과 등을 보고해야 한다. 먼저 유럽연합은 2022년 11월 〈기업 지속가능성 공시지침CSRD〉*을 발표했다. 2024년부터 약 5만 개의 유럽연합

---

* 　지침을 보다 구체화하는 작업은 자문그룹인 EFRAG이 담당하고 있는데, CSRD를 구체적으로 이행할 수 있는 유럽지속가능성공시기준을 마련하고 있다.

기업에 우선 적용되고, 2028년부터는 유럽연합 내 자회사를 둔 비유럽연합 기업들(최근 2년 연속 매년 순 매출액이 1억 5,000만 유로 이상인 경우)까지 확대 적용될 예정이다.

국제회계기준IFRS 재단의 경우에도 소속기관인 국제지속가능성기준위원회ISSB*에서 2023년 6월에 국제지속가능성 공시기준IFRS S1, S2**을 공개했다. 회원국***들은 국제지속가능성 공시기준을 준용하여 국가별 특성에 맞는 기준을 만들게 되는데, 회원국인 한국도 한국형 ESG 기준을 현재 마련하고 있다.

참고로 금융위원회는 2025년부터 일정 규모 이상(가령 자산 2조 원 이상) 코스피 상장사에 대해 ESG 공시를 의무화할 계획이며 2030년부터는 전체 코스피 상장사로 확대할 예정이다.[119] 앞선 두 기관과 달리 미국 증권거래위원회SEC는 아직 공시기준을 확정하지 않은 상태로 2022년 3월에 기후 공시 의무화 규정ESCD 초안을 공개한 상황이다.

유럽연합, 국제회계기준재단IFRS, 미국 증권거래위원회의SEC 공시기준에서 공통적으로 강조하는 부분은 기업의 온실가스 배출량을 나타내는 소위 'Scope1, 2, 3 공시 의무화'다. 이중 특히 Scope3 의

---

*   G20와 국제증권관리위원회기구 등의 지지를 받아 2023년 11월에 글래스고에서 개최된 제21차 기후변화협약당사국총회에서 설립되었다.

**   기후변화관련재무정보공개, 지속가능성회계표준위원회 등에서 제시된 다양한 ESG 공시기준을 통합해서 수립되었다.

***   168개국(2023년 7월 기준)들이 해당 국가 증시에 상장된 기업들에게 국제회계기준재단의 국제회계기준을 사용하여 재무제표를 보고하도록 하고 있다.

무화는 기업들의 우려가 매우 높고 논란도 많은 상황이다. Scope 개념과 계산 방법은 '온실가스 프로토콜'[120]이 개발하고 발전시켜왔는데, 이를 통해 단계별로 기업의 온실가스 배출을 모니터링할 수 있고 감축 노력이 효과적인지 판단할 수 있다.

Scope1은 기업이 직접 소유하거나 통제하는 자산(생산시설, 법인차량 등)에서 발생하는 온실가스를 일컫는다. 가령 철강회사가 철을 만들기 위해 고로에서 원료인 철광석과 코크스를 화석연료를 사용해 녹이면 연료가 연소할 뿐만 아니라 두 원료가 화학적 결합으로 철이 추출되는 과정에서 온실가스가 배출되는데 이때의 배출량은 Scope1에 해당된다.

Scope2는 Scope1과 달리 기업이 직접 배출하지는 않는다. 예를 들어 철강회사가 생산시설 작동을 위해 전기를 구매하면 석탄 발전소가 그만큼의 전기를 발전하기 위해 석탄을 연소시키는데 이때 발생하는 탄소량이 철강회사 입장에서는 Scope2에 해당된다.

Scope3은 제품 생산과정 전후 단계(업스트림, 다운스트림)＊에서 발생하는 배출량을 말하며 기업의 가치사슬 체계 전반을 살펴야 파악이 가능하다. 예를 들면 철강회사가 자사 제품인 철강을 운송회사

＊　　Scope3에 속하는 온실가스 배출 항목은 15개다. (1) 제품·서비스 구매, (2) 자본재, (3) 에너지·연료 관련 활동, (4) 원자재 공급자 등의 운송·유통, (5) 운영 과정에서 발생한 폐기물, (6) 출장, (7) 직원 통근, (8) 임차 자산 다운스트림, (9) 소비자 등에게 운송·유통, (10) 판매 제품의 가공, (11) 판매 제품의 사용, (12) 판매 제품의 폐기, (13) 임대 자산, (14) 프랜차이즈, (15)투자.
업스트림과 다운스트림으로 나뉘며 업스트림은 공급자 중심, 다운스트림은 소비자 중심의 항목을 의미한다.

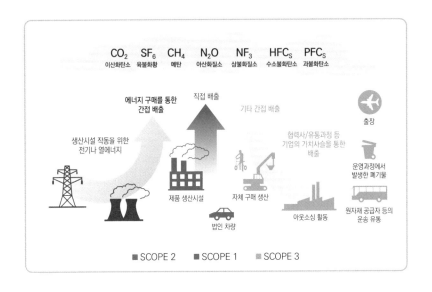

CO_2 이산화탄소 SF_6 육불화황 CH_4 메탄 N_2O 아산화질소 NF_3 삼불화질소 HFC_S 수소불화탄소 PFC_S 과불화탄소

에너지 구매를 통한 간접 배출

직접 배출

기타 간접 배출

출장

생산시설 작동을 위한 전기나 열에너지

협력사/유통과정 등 기업의 가치사슬을 통한 배출

운영과정에서 발생한 폐기물

제품 생산시설

자체 구매 생산

법인 차량

아웃소싱 활동

원자재 공급자 등의 운송 유통

■ SCOPE 2   ■ SCOPE 1   ■ SCOPE 3

를 통해 자동차 제조회사나 조선소에 납품하는 과정에서, 또는 자동차 제조회사의 제품(내연기관 자동차)을 소비자가 구입헤 평소 운전하고 다닐 때 화물차나 승용차에서 탄소가 배출되는데 이 모두가 다 Scope3에 해당된다. 결국 Scope3도 Scope1과 달리 기업이 직접적으로 배출하는 온실가스량은 아니다. 한편 Scope3이 Scope1, Scope2보다 상대적으로 논란이 되는 이유는 기업이 '생산-유통-소비' 과정에서 발생시키는 온실가스 상당 부분이 Scope3에 해당되기 때문이다. 가령 스웨덴 차인 볼보의 경우에는 전체 온실가스 배출량의 95퍼센트를 Scope3이 차지하고 있어, Scope3을 줄이기 위해 일부러 트럭 판매량도 줄일 수밖에 없었다.[121]

이러한 걱정으로 아직 의견을 듣고 있는 미국 증권거래위원회

SEC의 공시 기준 초안에 대해 공화당과 상공회의소가 노골적으로 반대하고 있으며, 특히 ESG의 중요성을 강조한 세계 최대 자산운용사인 블랙록 CEO 래리 핑크조차도 지나친 비용 부담과 복잡성을 이유로 Scope3을 의무화하는 데 반대하고 있다.

반면 미국 민주당은 반대 운동에 대항하여 미국 증권거래위원회SEC 의장에게 공개적으로 서한을 보내 Scope3 의무가 혹여나 최종안에서 삭제되지 않도록 강하게 압박하고 있다. 앞으로 세 가지 공시기준 중 어떤 기준을 따르든 대략 2030년부터 전 세계 모든 상장기업은 ESG 관련 정보를 의무적으로 공시해야 할 것이다. 우리나라는 2022년 12월 말 기준으로 상장기업수는 총 2,569개, 시가총액은 2,087조 원[122]에 달한다. 대기업에 비해 상대적으로 인적자원과 재원이 부족한 중견·중소기업이 ESG 공시 준비에 취약할 수 있는데,[123] 세계적인 추세 속에서 불이익을 받지 않도록 체계적인 지원이 무엇보다 중요하다.

기후테크로 일상의 패러다임을 바꾸다

온실가스 감축을 위한 손쉬운 방법은 온실가스를 배출하는 모든 행위를 하지 않는 것이다. 적게 만들고 덜 소비하는 것을 우선 떠올릴 수 있는데 이런 식이면 경기침체가 오히려 지구를 살리는 대안이 되는 이상한 논리가 힘을 받을 수 있다.

과연 그럴까? 단순히 온실가스 감축과 경제성장을 음의 상관관계로만 정의한다면 전 지구적인 목표인 2050년 탄소 중립은 처음부터 도달할 수 없는 이상에 불과할 것이다. 경기침체로 당장 먹을 것이 없고 실업자들이 넘쳐날 뿐만 아니라 폭력이 난무해 치안이 부재하는 사회 속에서 사람들은 과연 미래의 탄소 중립 문제가 귀에 들어오기나 할까?

탄소 중립이 사치로 받아들여지는 순간 지구의 미래는 종말이라는 결론을 향해갈 것이다. 하지만 현실은 생각보다 희망적이다. 유럽연합은 1990년대부터 경제성장과 온실가스 배출량 간에 디커플링이 일반화되었고, 미국은 2007년, 일본은 2013년부터 디커플링이 진행되고 있다. 즉 경제는 성장해왔지만 온실가스 배출량은 오히려 줄어들었다. 한국도 2018년 이후를 정점으로 온실가스 배출량은 감소 추세를 보이고 있다.

그동안 선진국을 중심으로 재생 에너지를 공격적으로 확대해온 것이 이러한 디커플링에 많은 기여를 해왔다. 최근 들어서는 온실가스를 줄이는 여러 기술과 비즈니스 모델을 결합한 기후테크Climate-Tech를 통해 미래 성장동력을 확보하는 동시에 디커플링을 가속화할 방안을 찾고 있다. 더욱이 OECD 국가 중에서 제조업 비중이 상대적으로 높은 우리나라는 유럽연합이나 미국 등과 달리 디커플링이 시작된 지 얼마 되지 않았고, 2030년까지 2018년 대비 온실가스를 40퍼센트나 감축해야 하는 도전적인 환경에 직면에 있어 그 어느 나라보다도 기후테크가 중요하다고 볼 수 있다.

기후테크는 기후Climate 와 기술Technology 을 결합하여 만들어진 용어로 온실가스 감축과 기후 적응에 기여할 뿐만 아니라 기업에 수익을 창출할 수 있는 모든 혁신 기술을 일컫는다.[124] 기후테크는 클린테크(재생 에너지, 원전), 카본테크(탄소 포집, 탄소 저감 공정, 전기자동차), 에코테크(폐기물 감축, 업사이클링), 푸드테크(대체식품, 스마트팜), 지오테크(기후 예측, 재난 방지)와 같이 다섯 개의 분야로 나뉜다.

전 세계적으로 기후테크에 대한 투자가 확대되고 있는 가운데, 〈블룸버그〉에 따르면 2016년도에 66억 달러에서 2021년에는 대략 537억 달러가 기후테크 분야에 투자되는 등 투자 규모로 보면 8배 이상 성장했다. 또한 글로벌 컨설팅기업 프라이스워터하우스쿠퍼스 PwC 의 〈기후기술 투자 트렌드 리포트 2021〉에 따르면 전 세계 벤처 캐피탈 투자 금액 가운데 14퍼센트가 기후테크에 투자되고 있다. 우리나라도 정부와 투자회사 간 협력을 통해 2030년까지 약 145조 원을 투자할 계획[125]으로 소위 기후테크 분야 유니콘 기업을 10개 정도 육성해 나간다는 방침이다. 지금까지 전혀 생각지도 못했던 방식으로 제품과 서비스를 생산하는 기후테크 기업들은 아직 벤처기업 초기 단계인 경우가 많아 지속적인 투자와 관심이 무엇보다 절실하다.

분야별 기후테크

구분	개념	세부 분류	
클린테크 (Clean Tech)	재생·대체 에너지 생산 및 분산화	재생 에너지	재생 에너지 생산, 에너지 저장 장치, 건물전기화
		에너지 신산업	가상발전소, 송배전, 분산형 에너지 공장, 에너지 디지털화
		탈탄소에너지	원전, SMR, 수소, 핵융합 등 대체 에너지원 발굴
카본테크 (Carbon Tech)	공기 중 탄소 포집·저장 및 탄소 감축 기술 개발	탄소 포집	직접 포집(DAC), CCUS, 생물학적 탄소 제거
		공정 혁신	제조업 공정 개선, 탄소 저감 연·원료 대체
		모빌리티	전기차, 차량용 배터리, 물류, 퍼스널모빌리티
에코테크 (Eco Tech)	자원순환, 저탄소 원료 및 친환경 제품 개발	자원 순환	자원 재활용, 폐자원 원료화, 에너지 회수
		폐기물 절감	폐기물 배출량 감축, 폐기물 관리시스템
		업사이클링	친환경 생활소비제품
푸드테크 (Food Tech)	식품 생산·소비 및 작물 재배 과정 중 탄소감축	대체식품	대체육, 세포배양육, 대체유, 대체 아이스크림
		스마트식품	음식물쓰레기 저감, 친환경 포장, 식품 부산물 활용
		애그테크	친환경 농업, 대체 비료, 스마트팜
지오테크 (Geo Tech)	탄소 관측·모니 터링 및 기상 정 보 활용 사업화	우주·기상	위성 탄소 관측, 모니터링, 기후 감시·예측, 기상정보
		기후 적응	물산업, 재난 방지 시설·시스템
		AI·데이터· 금융	기후·탄소 데이터 컨설팅, 녹색 금융, 블록체인, NFT

* 출처: 탄소중립녹색성장위원회

4부

대멸종의 기억,
자연은 타협하지
않는다

NET ZERO

다섯 번의 대멸종과 호모사피엔스

다섯 번의 대멸종

과학전문저널리스트인 피터 브래넌Peter Brannen은 자신의 저서 《대멸종 연대기The Ends of the World》에서 과거 총 다섯 번의 대멸종이 있었다고 설명한다. 너무나도 유명한 다섯 번째 대멸종인 6,600만 년 전 백악기 말 멸종은 알려진 대로 커다란 소행성이 멕시코 유카반도에 충돌해서 발생했다. 당시 공룡을 포함한 생명체의 약 76퍼센트가 멸종했다. 앞선 2억 100만 년 전 트라이아스기 말의 대멸종 이후 2억 년 가까이 지구를 지배했던 공룡은 다음 타자인 포유류에게 지구를 넘겨주며 지층 속 화석으로 남았다. 지금부터는 지구 연대기상 여러 대멸종(외부 요인에 의한 다섯 번째 대멸종을 제외하고) 가운데 현재의 인류가 직면한 것처럼 지구의 내부 요인으로 대기 중 온실가스가 급격히 늘면서 기온 상승을 일으킨 사례가 있는지 찾아보고자 한다.

첫 번째 대멸종, 고생대 오르도비스기(4억 4,500만 년 전)

첫 번째 대멸종인 4억 4,500만 년 전 오르도비스기 말 멸종은 그 원인을 빙하기의 도래로 보고 있다. 대부분의 생명체가 얕은 바다에서 살고 있을 때 거대한 빙하가 형성되어 해수면이 급격히 하락했기 때문에 앵무조개 같은 해양 생명체들은 싸늘한 추위에 그대로 노출되었다. 기온 상승이 문제인데 얼음이라니…!

두 번째 대멸종, 고생대 데본기 후기(3억 7,000만 년 전)

두 번째 대멸종으로 이동하자. 대략 7,000만 년이 지나 약 3억 7,000만 년 전 데본기 후기에 다시 한 번 대멸종이 발생했다. 데본기에는 물고기들이 지구의 정복자였다. 일부 물고기는 육지로 올라와 새로운 진화를 시작했다. 야자수처럼 생긴 20~40미터의 석송류가 등장하여 숲을 이루었고 데본기 후기에는 종자식물도 나타나 빠르게 육지를 덮어나갔다.[126]

문제는 육지의 울창한 숲을 통해 어마어마한 유기물이 바다로 흘러들면서 부영양화로 바다의 산소가 사라져갔다는 데 있다. 아울러 거대한 숲이 광합성을 시작하자 대기 중 그 많던 이산화탄소도 순식간에 사라져 다시 한 번 빙하의 시대가 도래한다. 자연의 축복이자 인류가 반드시 지켜야 하는 숲이 산소 부족과 싸늘한 기후, 해수면의 하락을 초래해 생명체를 멸종에 이르게 했다는 사실은 충격적이다. 숲이 원인이라니…! 도시에도 숲을 조성해야 할 만큼 급박한 우리 입장에서는 놀랍지 않을 수 없다.

세 번째 대멸종, 고생대 페름기(2억 5,200만 년 전)

세 번째 대멸종까지 왔으니, 이제는 적당한 사례를 찾았다는 기대를 가져봐도 되지 않을까? 모든 대륙이 하나로 뭉쳐 있는 판게아 Pangea의 세상인 페름기는 지구 연대기에서 고생대의 끝자락을 차지한다. 약 2억 5,200만 년 전 페름기 말에 일어난 세 번째 대멸종으로 당시 포유류의 조상인 단궁류[127]*들이 멸종되고 파충류 시대인 중생대가 시작되었다. 마치 지구가 급격한 환경 변화를 통해 스스로 각 시대에 맞는 지배자를 선택하듯 진화를 유도해온 것처럼 보인다.

다섯 번의 대멸종 중에서도 96퍼센트의 종이 사라졌을 만큼 규모가 대단했던 페름기 말 대멸종은 러시아 북동부에 위치한 시베

---

* 양서류보다 진화해서 육상에 알을 낳았던 척추동물로 포유류처럼 눈구멍을 제외하고 머리뼈에 구멍이 하나만 더 있다. 이로 인해 구멍이 두 개 더 있는 파충류와는 다르며, 포유류의 조상으로 인식되고 있다.

리아에서 시작되었다.[128] 어마어마한 용암이 시베리아 전역을 뚫고 분출되었다. 넘쳐흐른 용암은 대략 100~200만 년 동안 한반도 면적의 17~22배가 넘는 약 390~500만 제곱킬로미터의 면적을 두께 400~4,000미터로 덮어버렸다.[129] 두터운 카스테라로 생일 케이크의 한 층을 더 쌓듯이 붉게 타오르는 용암층은 북반구 대지 위에 높이 솟은 거대한 고원을 형성했다.

용암의 분출과 함께 어마어마한 이산화탄소가 대기 중으로 배출되었다. 특히 용암이 퉁구스카Tunguska에 퇴적된 석탄, 석유, 가스 지대를 뚫고 나오면서 이산화탄소와 메탄을 폭발적으로 분출해 대기를 가득 메우게 되었다.[130] 화산에서 뿜어져 나온 이산화황과 염산, 이산화탄소가 물과 결합하면서 어마어마한 산성비를 뿌리는 바람에 식물들을 비롯해 육지 동물들도 죽음을 피할 수 없었다.[131] 특히 독성 물질들이 오존층을 파괴함으로써 자외선에 그대로 노출된 육지생물들은 떼죽음을 당했다. 바다로 쏟아져들어간 이산화탄소로 해양의 산성화가 급격히 이루어지는 바람에 바닷속 생태계 또한 완전히 무너졌다. 대멸종은 순식간에 이루어졌다.

페름기 말 대멸종은 대략 6만 년의 기간이라는 지구 연대기상 상당히 짧은 기간에 발생했다.[132] 연구에 따르면 대멸종이 일어나기 전 페름기의 대기 중 이산화탄소 농도는 대략 426ppm 정도였으나 시베리아 트랩*이 촉발한 대규모 이산화탄소와 메탄의 분출로 지구

✦　　트랩: 러시아의 시베리아 지방에 위치한 범람 현무암 지대

가 뜨거워짐에 따라 페름기 대멸종 시기에는 약 2,507ppm 수준까지 급상승했다.[133]

　대기 중 이산화탄소 농도가 높아지더라도 지질학적인 풍화작용으로 탄산염으로 저장되거나 식물이 광합성으로 흡수할 수 있을 정도로 이산화탄소 배출이 서서히 진행된다면 지구 스스로 이산화탄소를 분리해서 균형을 맞춰나갈 수 있다. 하지만 이산화탄소가 증가해가는 속도와 양이 지구의 자정 수준을 넘어서면 재앙은 피해갈 수 없다. 급격한 이산화탄소와 메탄의 증가가 초래한 페름기 대멸종은 오늘날에도 유사한 재앙이 발생할 수 있음을 시사한다.[134]

　세 번째 대멸종은 현재 우리가 현재 직면한 기후 위기 문제를 심각하게 되돌아보게 한다.

네 번째 대멸종, 중생대 트라이아스기(2억 500만 년 전)

　페름기 말 대멸종이 너무나도 처참했던 탓일까? 2,000만 년이라는 휴지기를 거쳐 지구에 엄청난 비가 내리면서 지구를 식히고 나서야 비로소 다시금 생명이 번성할 수 있었다.[135] 드디어 중생대 시대가 시작되었다. 거대한 양서류와 거북도 있었고 작지만 공룡도 등장했다. 하지만 당시 지구의 지배자는 어슬렁어슬렁 늪지대를 돌아다니는 악어의 조상들이었다.

　페름기에 육지는 판게아라는 하나의 대륙이었고 이를 거대한

판탈라사Panthalassic Ocean(하나의 대륙이었던 판게아를 둘러싼 거대한 바다)가 둘러싸고 있었다. 어느 날 이 거대한 덩어리가 분리되기 시작했다. 이때를 트라이아스기라고 한다. 거대한 땅덩어리가 찢어지면서 충격은 이루 말할 수 없었다. 트라이아스기 말에 일어난 대륙의 거대한 몸살은 또 다른 대규모의 멸종을 초래했다. 판게아가 분리되면서 약해진 경계면인 마그마 분포 영역CAMP, Central Atlantic Magmatic Province을 뚫고 화산 용암이 분출되면서 또다시 대기 중의 이산화탄소가 급격히 상승한 것이다.[136] 이산화탄소 농도가 2,000~2,500ppm까지 치솟으면서[137] 산성비와 해양 산성화, 그리고 치명적 가뭄 등의 페름기 말 상황이 반복적으로 일어나 지구상 종의 80퍼센트가 멸종되고 만다.[138]

다섯 번 중에서 두 번, 그것도 다른 어떤 대멸종보다도 광범위하게 큰 피해를 입힌 대멸종 사건의 주요한 원인은 대기 중 이산화탄소 농도의 급격한 상승에 있었다. 화산 폭발과 용암 분출이라는 형태로 나타난 지구 내부의 큰 변화는 엄청난 이산화탄소와 메탄을 뿜어내며 지구 온도를 급격히 상승시키는 바람에 이를 완충할 만한 시간적 여유 없이 결국 대멸종이라는 초유의 사태를 초래했다. 과거 수억 년 전에 발생했다는 시간적 격차와 인간이 의도적으로 이산화탄소를 뿜어내고 있다는 사실을 제외하면 현재 인류가 직면한 문제는 과거의 데자뷰를 떠올리게 한다.

다만 지구의 내부 활동으로 대량의 이산화탄소가 배출되고 이후 멸종의 단계까지 가는 데만 수만 년이라는 꽤 긴 시간이 걸렸다는 점과 지금은 인류가 나서서 이 재앙을 끝낼 수 있다는 가능성이 우리에게 조금이나마 안도할 수 있는 여지를 줄 따름이다.

하지만 기후변화에 관한 정부간 협의체IPCC 보고서에 따르면 과거 지구가 경험한 시간적 여유는 기대하기 어렵다. 호모사피엔스가 등장한 이래 이산화탄소 농도와 지구 온도가 지금보다 급격하게 상승한 적이 없기 때문이다. 홀로세 이후 정착한 많은 생명체도 같은 처지일 뿐이다. 그럼 남아 있는 선택지는 인류가 대재앙을 막을 중대한 조치를 하루 빨리 강력하게 밀어붙이는 방법 말고는 없다. 인류가 초래한 문제를 인류가 해결해야 되는 시점이다.

또 한 번의 멸종, 팔리오세-에오세 최대 온난기(약 5,600만 년 전)

두 번의 대멸종과 소행성 충돌이 끝난 이후에는 더 이상 이산화탄소가 문제된 적이 없을까? 약 6,600만 년 전 공룡의 멸종으로 중생대가 끝나고 포유류가 지구의 지배자로 등극한 이후 대멸종의 규모는 아니지만 또 한 번의 이산화탄소에 의한 멸종의 시기가 있었다.

팔리오세-에오세 최대 온난기PETM, the Paleocene-Eocene Thermal Max-imum*인 약 5,600만 년 전에도 이산화탄소와 메탄의 급격한 증가에 따른 지구온난화와 해양 산성화로 많은 생명체가 멸종하는 일이 벌

❋　　　팔리오세 후반에서 에오세 초반 사이에 있었던 온난화 시기를 말한다.

어졌다. 급격한 기온 상승이 지구의 티핑 포인트를 훌쩍 뛰어넘으면서 돌이킬 수 없는 재앙을 초래했다.[139] 바다 깊은 곳에서 잠자던 메탄하이드레이트가 녹으면서 엄청난 온실가스를 내뿜자 지구 스스로 자정할 수 없는 악순환이 계속되었다. 이는 결국 생태계 파괴로 이어졌다.

당시 엄청나게 증가한 이산화탄소는 빠르게 바다로 유입되었고 이것이 해양 산성화를 초래하면서 해양 생물의 대량 죽음을 가져왔다. 불행히도 오늘날 인류가 내뿜는 이산화탄소의 배출 속도는 팔리오세-에오세 최대 온난기PETM보다 빠르게 진행되고 있다.[140] 배출되는 이산화탄소량도 주시해야 하지만 그 속도가 기후 위기와 생명체에 미치는 영향이 훨씬 더 크다는 점을 분명히 기억해야 한다.[141]

기후에 적응해 진화해온 인류의 조상

인류는 기후에 순응하며 진화를 해오는 사이 흥망성쇠를 거듭해왔다. 기후가 좋을 때는 위대한 제국이 건설되고 문명이 꽃을 피웠지만 기후가 나빠지면 혼란과 전쟁 속에서 쇠퇴하는 역사를 반복해왔다. 현재 인류는 산업혁명 이후 과학기술의 발달과 함께 지구 환경을 바꾸어버릴 만큼 오만한 위치에 서 있다. 하지만 여전히 거대한 쓰나미나 태풍, 토네이도 앞에서는 한없이 작은 존재다. 그저 이 재

앙과도 같은 폭풍과 쓰나미가 지나가기만을 기도하는 것이 우리가
할 수 있는 전부일 것이다. 우리는 때때로 기후가 인류를 지구상 지
배자로 세웠다는 사실을 잊고 있는 것 같다. 인류사를 살펴보면 기후
가 우리에게 끼치는 영향이 얼마나 강력했는지 알 수 있다.

　루시로 잘 알려진 오스트랄로피테쿠스 아파렌시스를 비롯한 많
은 인류의 진화 화석은 '아프리카의 뿔'로 불리는 아프리카 동쪽에
위치한 에티오피아에서 많이 발견되었다. 에티오피아는 사바나 기
후대로 건기와 우기가 뚜렷하며 간간이 큰 나무가 보이는 초원지대
가 펼쳐져 있다. 열대우림지역인 아프리카 서쪽에 서식하는 유인원
과 달리 동쪽에 자리 잡은 인류의 조상은 변화하는 기후에 적응하기
위해 두 발로 걷고 도구를 사용해 불을 지펴 추위와 천적을 피할 수
있었으며 음식을 익혀 먹음으로써 뇌의 진화를 촉진했다.[142]

　약 250만 년 전 빙하시대가 도래한 후 50만 년이 지나면서 열대
지역 태평양의 동서 간 해수면의 온도 차이가 벌어지기 시작하자 엘
니뇨 현상[*]이 나타났다. 이로 인해 아프리카 동쪽 지역은 가뭄이 더
욱 심해졌다.[143] 늘어나는 인구를 먹여 살리기 위해 호모에렉투스[**]
는 최초로 아프리카를 벗어나 여러 대륙으로 이동하기 시작했다. 아
프리카에 남아 있던 인류의 조상들은 진화를 이어가 호모 하이델베
르겐시스로 이후 호모 네안데르탈렌시스, 즉 네안데르탈인이 되어

[*]　남아메리카 서해안을 따라 흐르는 페루 해류 속에 몇 년에 한 번 이상 난류가 흘
러드는 현상

[**]　직립 보행을 하고 불을 사용했으며 전기 구석기 문화를 지니고 있었던 인류

서아시아와 유럽으로 이동해 살게 된다.

아프리카에 남아 있던 호모 하이델베르겐시스(호모사피엔스와 네안데르탈인의 공통 조상)는 척박한 환경에서 고군분투하며 진화를 이어가다 약 20만 년 전에 드디어 현 인류인 호모사피엔스에 도달했다.[144] 약 5만 년 전에 생존을 위해 아프리카를 떠났던 호모사피엔스는 더 높은 지능과 뛰어난 환경 적응 능력으로(가령 귀바늘을 이용해 동물 가죽으로 옷을 만들 수 있었다. 네안데르탈인은 그저 동물 가죽을 목에 둘러 추위를 피했을 뿐이다.) 이미 정착해 있던 네안데르탈인과의 경쟁에서 승리하며 최종적으로 지구의 지배자가 되었다.[145]

네안데르탈인은 추위 속에서 호모사피엔스보다 육중한 몸을 유지하기 위해 지나치게 육식에 의존한 탓에 비타민 결핍에 따른 질병에 시달렸고 활과 화살이 없어 사냥 중에 다치거나 목숨을 잃는 일도 비일비재했다.[146] 특히 네안데르탈인 사회에서 청소년층의 사망률은 호모사피엔스보다 훨씬 높아 46퍼센트가 넘은 적도 있었다.[147] 사회적 훈육 시스템이 있었던 호모사피엔스와 달리 네안데르탈인은 어른 청소년 할 것 없이 위험한 사냥에 뛰어들어야만 했다. 높은 청소년기 사망률과 짧은 수명 탓에 애초부터 네안데르탈인은 호모사피엔스와의 경쟁에서 사라질 운명이었을지 모른다(네안데르탈인의 흔적은 그들과 이종교배를 했던 인류의 유전자에 남아 있다).[148]

약 400만 년 전 오스트랄로피테쿠스가 출현한 이래 수천 년 이상의 빙하기라는 혹독한 추위를 이겨내고 생존해온 호모사피엔스는 유럽과 아시아 호주의 빙하를 건너 북아메리카와 남아메리카로 진출하면서 지구의 진정한 정복자가 되었다. 인류는 빙하기가 끝난 후 기후가 따뜻해지고 강수량이 풍부해지자 유랑 생활을 접고 정착 생활을 시작하면서 본격적인 세를 확장해나갔다.

기후변화와
인류 문명의 흥망성쇠

정착과 농업의 시작

지구 연대기상 약 1만 5,000년 전 빙하시대의 마지막 한랭기는 마무리되었다.[149] 당시 인류는 마실 물과 먹을 것이 풍부했던 레반트 지역(현재 동부 지중해 일대로 이스라엘, 레바논, 시리아 지역)에 모여 살았다.[150] 점차 기온이 따뜻해지자 숲이 울창해지고 씨앗과 견과류, 물고기, 사냥감들이 넘쳐나면서 인구가 증가했으며 밀이나 호밀 씨앗을 뿌려 수확해서 먹는 원시적인 농업 형태가 갖추어졌다.[151] 하지만 갑작스럽게 다시 빙하기로 후퇴한 듯한 기후변화가 발생했다.

대략 1만 2,500년 전 즈음 영거드라이아스기가 시작되면서 약 1,000년 동안 한랭한 기후가 이어졌다. 빙하기 시대에 북미대륙은 면적이 1,300만 제곱킬로미터, 최고 두께 3,300미터인 로렌타이드 빙상에 덮여 있었다.[152] 빙하기가 끝나고 기온이 상승하자 로렌타이드 빙상이 녹으면서 아가시Agassiz 호수를 형성했다. 하지만 기온 상승이 로렌타이드 빙상을 붕괴시키는 바람에 어마어마한 아가시 호수 담수가 북대서양으로 쏟아져들어왔고 그로 인해 멕시코 만류의 흐름이 멈추면서 북반구로 열이 전달되지 못하자 다시 기온이 급락했다. 대기 순환에 악영향을 미쳐 계절풍이 약해지는 바람에 여름 강수량이 줄고 겨울에는 건조하고 차가운 바람이 불어 레반트 지역과 주변 지역에 심한 가뭄을 초래했다.[153] 환경의 급격한 변화 속에서 당시 인류가 할 수 있는 일은 초기의 농업을 접고 소규모로 찢어져서 다시 유랑생활로 돌아가는 것이었다.

씨앗을 뿌려 농작물을 수확해 먹거리를 확보해봤던 인류는 열악한 환경 속에서도 적응하기 위해 시행착오를 거듭했다. 마침내 1,000년이나 지속됐던 영거드라이아스기가 끝나고 기온이 온화해지면서 강수량이 늘자 엄선된 씨앗을 파종해 종자가 익으면 수확해 일부는 식량으로 소비하고 일부는 다음 농사를 위해 보전하는, 이른바 본격적인 농업이 시작되었다. 1만 1,000년 전부터는 사냥하던 염소와 양을 가축화하면서 농업사회로서의 기틀을 마련했다.

상승하는 해수면, 문명의 탄생

빙하기 시대의 해수면은 지금보다 약 120미터 정도 낮았다. 영거드라이아스기가 끝나고 기온이 다시 따뜻해지자 북반구의 상당 부분을 차지하던 빙상이 녹아내려 해수면도 본격적으로 상승하기 시작했다. 이 시기에 지금의 흑해가 생겼다. 약 8,200년 전에는 북미 지역의 로렌타이드 빙상이 다시 한 번 붕괴하면서 멕시코 만류 흐름을 방해해 동지중해 지역에 가뭄을 초래했다.[154]

이제 막 농업의 길로 들어선 인류는 전보다 기후변화에 더 취약해졌다. 이들은 여러 세대에 걸쳐 살아왔던 동지중해 고원 지역을 떠나 더 따뜻하고 물이 풍부하며 옥토가 있는 에욱시네 호수 지역(지금의 흑해 지역)으로 이동했다.[155] 당시 에욱시네 호수는 지중해보다 150미터가량 낮은 곳에 위치해 있었다.[156] 7,800년 전 다시 해양의 순환이 재개되자 기온도 다시 상승했다. 이에 맞춰 지중해 수위도 점점 높아졌고 지중해와 에욱시네 호수 사이의 둑이 무너지면서 엄청난 양의 바닷물이 호수로 쏟아져 들어와 하루 평균 15센티미터씩 수위가 높아졌다.[157]

당시 호숫가에서 몇 백 년 동안 평화롭게 농사를 일구며 살던 사람들은 엄청난 굉음과 함께 홍수처럼 쏟아지는 폭포수에 휩쓸려 목숨을 잃었다. 설령 살아남았다 하더라도 하루가 다르게 불어나는 물로 삶의 터전을 잃었으며 그동안 일궈온 농작물들도 떠내려갔다. 바닷물의 유입으로 호수의 민물고기들이 모조리 죽어버린 상황에서 심한 굶주림과 절망감은 그들의 정신과 육체를 파괴했다. 신이 인간을 심판한 것이라도 생각하지 않았을까? 세상의 종말 같았던 그때를 구전으로 전하며 홍수신화가 탄생했을지도 모르겠다.

해수면의 상승이 비극만을 남긴 것은 아니다. 이집트의 나일강 삼각주에서 레반트 지역과 유프라테스강, 티그리스강을 따라 그려지는 일명 '비옥한 초승달 지대'에서는 해수면이 상승하자 그동안 낙차로 인해 가파르게 바다로 흘러갔던 나일 강물의 유속이 느려지기 시작했다. 강물은 상류의 토사를 하류에 차곡차곡 쌓아 비옥한 삼각주를 형성했다. 상승하는 해수면과 나일강의 영향으로 일대에는 사냥감, 물고기, 식용식물들이 넘쳐나 넓은 늪지가 형성되었다.[158]

매년 범람하던 나일강이 새로운 토사를 쌓아올리자 바닷물이 역류해 토사가 염류화되는 것을 막을 수 있었다. 점차 농사짓기에 좋은 토양 환경이 만들어지면서 사람들이 모여들기 시작했다. 더욱이 한때 물과 동식물이 풍부해서 살기에 적합했던 사하라 지역이 기원전 4,300년경부터 점점 건조해지고 사막화되자 나일강으로의 이동은 가속되었다.[159] 처음에는 작은 부락이었지만 점차 인구가 증가하면서 이집트 문명의 기틀이 마련되었다.

비슷한 시기인 페르시아만에서도 해수면이 점차 상승하여 유프라테스강과 티그리스강 하류에는 물살이 느려지고 침전물이 쌓이면서 농사에 적합한 토양이 만들어졌다. 긴 갈대가 무성한 늪지에는 먹거리가 풍부해 사람들이 모여살았고 이들이 여러 촌락을 형성하며 점차 규모가 확대되기 시작했다. 인류 최초의 도시가 등장하는 것은 시간문제였다.

인도 서쪽에 위치한 인더스강 하류도 해수면이 상승하자 유속이 느려지기 시작했다. 강 주변에 먹거리가 풍부해지자 정착하는 사람들이 늘어나 새로운 고대 문명의 탄생을 앞두게 되었다. 이제는 해당 지역의 환경 변화에 맞춰 각자의 삶과 문명을 형성하는 시기가 도래한 것이다.

기후변화, 문명의 몰락을 초래하다

기원전 6,000년부터 기원전 3,000년 동안 온난한 기후[160]로 바다 수면이 상승하고 강물의 유속이 느려지면서 강 주변과 하류에 다양한 생명체가 살 수 있는 서식지가 형성되었다. 이 무렵 인류는 먹거리가 풍부하고 농사짓기 좋은 지역에 정착해 살기 시작했다. 점차 인구가 늘고 부락의 규모도 날로 커지면서 낙원은 영원할 것처럼 보였다. 하지만 기원전 3,200년~3,000년경 온난화 시기 후반으로 접어들자 기후가 건조해지면서 서서히 촌락들도 무너져갔다. 삶의 터전을 잃은 유랑민들은 인류 최초의 도시인 우르크 같은 큰 대규모 집단지로 몰려들었다.[161]

드디어 인류가 기후변화에 완벽하게 적응 과정을 거친 기원전 3,100년경 유프라테스강과 티그리스강 하류에 드디어 인류 최초의 문명인 수메르 문명이 탄생한다. 수메르 문명 초기에는 그리스의 아테네, 스파르타, 중세 북유럽의 브뤼헤, 앤터워프, 르네상스 시대의 베네치아, 피렌체처럼 도시국가의 모습을 띠어갔다. 에갈[162]이라 불린 신전을 중심으로 구성된 수메르 도시들은 증가하는 인구를 먹여 살리기 위해 대규모 관개 사업을 추진했으며 지배 계층은 쐐기문자인 수메르어를 사용해 도시를 체계적으로 관리했다.

메소포타미아 도시들은 갈대로 만든 둥그런 바구니 모양의 쿠파Quffa라는 배를 사용해 교역했다.[163] 기원전 2,350년경이 되자 강력한 권력을 쥔 사르곤왕이 아카드 왕국을 세워 수메르 지역을 통합했다.[164] 사르곤왕은 메소포타미아 지역의 북부와 시리아 이란의 일부를 정복해 수메르 문명의 통치 범위를 확장해갔다. 아카드 왕국이 몰락한 후에는 수메르 도시 중 하나인 우르(성경에 등장하는 아브라함의 고향)를 중심으로 새로운 왕국을 건설해 아카드 왕국의 유산을 물려받았다.[165]

당시 제국의 면모를 갖춘 수메르 문명에서 중심지는 남부권역, 즉 유프라테스강과 티그리스강 하류였다. 늘어난 인구를 지탱하고 지속되는 가뭄에 대처하기 위해 관개 사업은 점점 대규모로 확대되었다. 경제적인 풍요를 바탕으로 인더스 문명지와 북동쪽에 있는 지금의 아프가니스탄 지역과의 육해상 교역을 통해 상아, 목재, 금, 은, 청금석 등을 수입하는 등 화려한 번영의 시기를 누렸다.[166]

하지만 기원전 2,200년경 대규모의 화산 폭발이 일어나 기온이 뚝 떨어졌고 때마침 300년 가까이 지속되던 가뭄이 메소포타미아 지역을 강타했다.[167] 갈수록 강수량이 줄고 뜨거운 태양 아래서 수분이 증발하자 농지의 염분 수치는 날로 높아졌다. 급기야 식량 부족 현상[168]이 생기면서 사람들은 하나둘 도시를 떠나기 시작했다. 국력이 약해질 대로 약해진 상황에서 설상가상으로 북쪽 유목민들이 아모리족을 침공함으로써 수메르 문명은 멸망한다. 많은 연구들이 갑작스러운 기후변화가 야기한 최악의 가뭄이 수메르 문명을 몰락시킨 결정적인 범인으로 지목하고 있다.

또 다른 고대 문명인 이집트 고왕국 시대도 건조해지는 기후로 큰 변화를 겪고 있었다. 이집트의 나일강은 수량이 풍부했으며, 주기적으로 범람하여 토지의 염분화 걱정 없이 시기에 맞춰 파종하고 수확할 수 있었다.

기원전 2,800~2,300년 동안 존속한 이집트 최초의 통일왕국인 고왕국 시대에 이집트 파라오는 단순히 지배사로서의 위상을 넘어 신으로 추앙받고 있었다. 나일강의 범람과 수위를 예측하고 다스리던 신적 존재인 고왕국의 파라오들은 절대적 권위를 앞세워 거대한 피라미드를 건설했는데, 당시 피라미드 건설 인부들은 합당한 임금을 지불받아 생활할 수 있었다.[169]

강력한 중앙집권체제인 고왕국은 각 지역에 관료를 임명하여 체계적으로 다스렸으며, 풍족한 농업 수확량과 다른 지역과의 교역을 통해 번성했다. 하지만 기원전 2,500~2,200년 동안 가뭄으로 나일강의 수위가 하락하자 파라오의 예측은 더 이상 통하지 않았다. 농업경제와 신적인 존재인 파라오라는 두 개의 기둥으로 유지되던 고왕국이 종말을 고하면서 지방 세력이 할거하는 혼란의 시대가 시작되었다. 이후 기원전 2040년경에 멘투호테프 1세가 다시 이집트를 통일하면서 중왕국이 출범하지만 나일강을 다스릴 수 없는 파라오는 더 이상 신이 아니었다.[170] 수메르처럼 가뭄은 피라미드로 대표되는 신이 지배하는 나라를 단숨에 무너뜨려버렸다.

인도 서쪽 인더스강과 사라스바티강 유역에서는 약 1,000년 동안(기원전 2,800~기원전 1,800) 강을 따라 촘촘하게 1,000개가 넘는 마을과 도시가 존재했다. 대표적인 도시인 모헨조다로와 하라파를 중심으로 교류해온 고대 도시들은 일명 인더스 문명을 이루었다. 농업을 근간으로 대규모 관개시설을 갖춘 도시들은 공중목욕탕을 건립하고 곡물창고에 식량을 저장하여 만일에 대비했으며, 배수 시스템도 갖추어 주택 밀집 지역의 각종 오물을 쓰레기장에서 처리했다.[171]

특히 모헨조다로에는 물을 이용해서 대소변을 처리하는 수세식 변기도 갖추는 등 도시 위생을 체계적으로 관리했다.[172] 인더스 문명의 도시들은 아라비아해 연안을 따라 페르시아만에 위치한 딜문과 마간 지역을 중개지로 메소포타미아 지역의 도시들과 해상무역을 추진했다. 인더스 문명에서 사용되던 육면체의 저울추들이나 하라파 문자 또는 인더스 문명을 상징하는 황소 등이 조각된 인장들이 메소포타이마 지역에서도 발견되었으며, 화려한 장신구(당시 인도에서만 생산되던 홍옥수 목걸이 등), 도자기, 주석, 목재, 상아 등이 수메르 도시로 유입되었다.[173]

영원히 번영을 누릴 것 같았던 인더스 문명도 근원을 두고 있던 인더스강과 사라스바티강이 수위가 낮아지자 점점 위태로워졌다. 기원전 1900년경부터 기후는 한랭 건조해졌고 규칙적으로 내리던 몬순비가 약해지자 사라스바티강은 바닥이 드러나기 시작했다.[174] 관개시설은 메마르고 농지의 염도는 높아져 더 이상 농사를 지을 수 없는 상황으로까지 치닫자 사람들은 생존할 수 있는 곳을 찾아 유랑했다. 이들이 동쪽 히말라야 지역으로 이동하면서 약 1,000년간 지속되던 인더스 문명의 도시들은 버려진다.[175]

어떠한 고대 문명이든 일정량의 강수량이 유지되는 환경에서는 그 역사를 지속할 수 있었지만, 기후변화로 가뭄이 들면 예외 없이 역사의 뒤안길로 사라졌다.

─── 제국, 기후로 일어나고 기후로 무너지다 ───

고대 문명이 멸망하고 다시 따뜻하고 강수량이 많은 시기가 오기까지 춥고 건조한 기후가 반복되자 삶의 터전을 잃은 거주민들은 척박한 땅을 떠나 상대적으로 살기 좋은 곳을 자주 침범했다. 고대 문명의 패러다임을 바꾸고 청동기 문명의 종말을 가져온 바다 민족의 침략이 바로 그 대표적인 예다.

기원전 13세기 말에서 기원전 12세기 초 동안 여러 차례 동지중해 지역을 침입해온 바다 민족은 미케네 문명과 히타이트 왕국을 멸망시키고 이집트 왕국을 회복할 수 없는 수준으로 세력을 약화시켰다. 이들의 침입은 기원전 12세기 초 후기 청동기 시대 종말과 시기적으로 겹치면서 역사적 전환의 주요한 원인 중 하나로 인식되고 있다.

바다 민족의 침략을 받은 지역은 다시 문명이 들어설 수 없을 만큼 초토화되었다. 문자가 사라지고 구전으로만 지식을 전달하는 문화적 퇴행이 일어났다. 수백 년이 지나 그리스인들이 페니키아인들로부터 수입한 문자를 토대로 알파벳을 만들고 다시 왕성한 저술 활동을 하기까지 문화적 암흑기가 지속되었다.[176] 다만 철기 기술을 사실상 독점했던 히타이트 왕국을 무너뜨림으로써 철기 기술이 주변 지역으로 전파되어 철시 시대가 도래하는 데 큰 영향을 미쳤다는 견해도 있다.[177]

바다 민족이 정확하게 어디에서 왔고 어떤 민족인지 분분하지만 이집트 람세스3세의 비문에 바다 민족 중 유일하게 정착한 펠레세트인에 대한 이야기가 나오는 걸로 봐서 이들이 오늘날 팔레스타인들을 가리킨다는 주장도 있다.[178]

척박한 환경에서 문화가 다른 여러 지역민들이 부딪치고 경쟁하며 교류하는 시대를 거치며 동서양에 보다 높은 문화와 철학에 바탕을 둔 대제국이 탄생할 수 있는 기틀을 마련했다.

대략 1,500년이 넘는 기간 동안 북반구를 지배한 한랭 건조한 기후가 서서히 막을 내리자 서양에서는 그리스 문화가 꽃피우기 시작했고 이를 이어받은 로마가 기원전 200년부터 거대한 제국으로 확장되었다. 유럽의 기후변화를 살펴보면 대략 기원전 300년부터 기원후 300년경에는 겨울에 온난 다습한 지중해성 기후대의 북방 경계가 북해와 발트해까지 올라갔는데 이로 인해 서유럽 전역에는 숲이 무성하고 먹을 것이 풍부해졌다.[179]

처음에는 지중해 연안인 북아프리카와 동지중해 지역의 정복에 집중했던 로마는 온난한 기후가 유럽 북부로 밀고 올라가자 유럽으로 영토를 확장해가기 시작했다. 카이사르가 눈엣가시였던 갈리아 지역(지금의 프랑스, 벨기에, 룩셈부르크 등)을 정복한 것도 온난화 시기인 기원전 52년이었다. 이전보다 농사짓기 좋은 기후가 지속되고 현지에서 식량 조달이 가능해지자 점점 북쪽으로 로마군의 주둔지와 도시가 설립되면서 대제국으로서의 면모를 갖추어 나갔다.

기원후 98년~117년까지 새위한 트라야누스 황제는 서쪽으로는 영국을 포함한 서유럽 대부분 지역, 동쪽으로는 터키, 시리아, 이스라엘, 메소포타미아 지역, 아래로는 이집트를 포함한 북아프리카 대부분의 연안 지역을 다스리는 세계 최대의 제국을 건설했다. 특히 로마 최고의 번성기로 알려진 기원후 96~180년 동안의 오현제 시대(네르바, 트라야누스, 하드리아누스, 안토니누스 피우스, 마르쿠스 아우렐리우스)에 모든 길은 로마로 통했다. 온난한 기후가 로마를 대제국으로 성장시켰고, 풍요의 축복을 선사했다.

로마가 제국을 이룩해 나가는 시기, 중국에서도 기원전 770년부터 약 500년 동안 지속되던 혼돈의 춘추전국시대가 막을 내리고 기원전 221년 진시황이 중국을 통일해 제국을 건설했다. 하지만 황제의 폭정으로 농민반란이 일어나 진나라는 오래가지 않아 멸망의 길을 걸었다. 기원전 202년이 되어서야 안정적인 한 왕조가 성립되었다.

기원후 220년까지 약 400년간 중국 역사상 가장 오랫동안 존속했던 통일왕조였던 한은 온난기(기원전 200~기원후 200)라는 기후 덕을 톡톡히 보았다. 따뜻하고 강수량이 많은 당시 기후는 벼농사를 짓기 위한 최적의 조건을 제공했다. 온난한 기후로 사회가 안정되었던 한 왕조는 문화적인 번성기를 누렸다. 세계 최초로 종이가 발명되었으며 주판이 만들어져 계산이 획기적으로 빨라졌다. 또한 말을 탈 때 발을 걸 수 있는 등자가 사용되었다는 주장도 있다. 당시 로마조차도 등자가 없어 기마병들은 허벅지 힘으로 말 위에서 버텨야 했기 때문에 말 타는 것이 쉽지 않았다.[180]

유교를 장려하여 유학자들을 관료로 중용했으며 이는 청나라까지 이어졌다. 통일된 왕조로서 국력을 확장시킨 한무제는 정복 사업을 벌여 고조선을 멸망시키고 한사군(기원전 108년에 중국 한무제가 위만조선을 멸망시키고 그 땅에 설치한 네 개의 행정 구역)을 설치해 한반도 일부를 지배하게 된다. 오늘날 중국을 나타내는 한족, 한자가 모두 한 왕조에서 유래되었다는 점을 감안하면 한 왕조만큼 중국 역사상 중요한 위치를 차지하는 왕조도 없을 것이다.

온난한 시기 동안 서양의 로마가 대제국을 이루고 동양의 한이 통일왕조 시대를 열면서 문화적으로 융성한 시대가 도래했다. 특히 두 제국의 중간 지대인 중앙아시아 일대에도 온난화 기후의 영향으

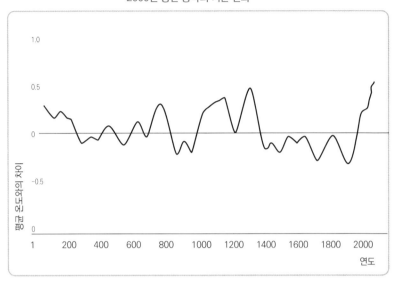

2000년 동안 중국의 기온 변화[198]

평균 온도와의 차이

연도

* 평균 온도와의 차이(0 = 1851~1950 동안 평균온도)

로 강수량이 많아 오아시스 마을이 번성했다. 드디어 두 제국이 중앙 아시아를 통해 문물을 서로 교류할 여건이 완성되었다. 바로 역사상 실크로드가 등장한 것이다. 실크로드를 통해 후추, 깨, 유리 기술 등 이 중국에 들어왔으며, 서양에는 비단, 칠기, 도자기, 제지 기술 등이 전달되는 등 동서양의 문화가 본격적인 교류를 시작했다. 이 모든 것 이 온난한 기후로 동서양과 중앙아시아까지 안정된 체제를 유지할 수 있었기 때문에 가능했다.[181]

하지만 영원할 것만 같은 팍스 로마나Pax Romana(로마의 평화)나 한 왕조도 끝을 향해가고 있었다. 약 400년간 지속되던 로마의 온난화 시기가 마무리되고 다시 한랭 건조한 기후가 시작되었다. 기원후 300년에는 지중해성 기후대가 남하하면서 북아프리카 선단까지 밀려난 서유럽의 로마 속주 지역들은 이제 춥고 건조한 기후를 견딜 수밖에 없었다.[182] 기후 악화로 삶이 척박해진 게르만족들은 예전보다 자주 도나우강을 건너 로마 국경 도시들을 침략했고, 중앙아시아 지역에서는 기원후 226년에 설립된 사산 왕조 페르시아가 들어서면서 본격적으로 로마와 경쟁하게 되었다. 더욱이 제국 내에서도 내란이 발생하는 등 거대한 제국이 휘청거릴 무렵 황제 디오클레티아누스는 기원후 286년에 결국 로마제국을 동서로 양분해버린다. 다시 306년에 콘스탄티누스 대제가 제국을 하나로 통일하지만 권력과 돈이 모이는 제국의 수도는 이제 콘스탄티노플(이스탄불)이 되었다.

기원후 395년, 제국이 완전히 동, 서로 분열되자 서로마제국의 수도인 로마는 서서히 역사 속에서 사라졌다. 서로마제국의 멸망도 과거의 여러 문명 국가들이 그랬던 것처럼 기후 악화가 촉발시켰다. 춥고 건조한 기후가 심해지자 중앙아시아 대초원에서 목축을 하며 근근이 살아가던 유목민인 훈족들은 기마민족으로서의 뛰어난 전투 능력을 앞세워 기원후 370년경에 그나마 살기 괜찮은 유럽지역으로 서진했다. 지역 정착민이었던 게르만족은 훈족의 잔인함과 흉포함, 그리고 전투 능력에 밀려 서로마제국으로 몰려들 수밖에 없었다.

결국 기원후 476년에 게르만 출신의 용병대장이었던 오도아케르에 의해 서로마의 마지막 황제인 로물루스 아우구스툴루스가 폐위됨으로써 하루아침에 서로마는 사라지게 되었다.

동양의 한 왕조도 나은 입장은 아니었다. 2세기 후반부터 점점 나빠지는 기후와 함께 무능한 왕을 비롯한 외척과 환관의 전횡으로 농민들의 삶은 최악으로 치닫고 있었다. 기원후 184년 태평도를 창시한 장각이 황건적의 난을 일으켜 한 왕조를 크게 흔들었다. 이후 서로 각축을 벌여 지역이 분할되면서 우리에게 잘 알려진 유비, 조조의 삼국시대가 열린다. 이 와중에 한 왕조는 기원후 220년에 위나라를 세운 조조의 아들 조비에게 왕권을 양위하는 방식으로 멸망하고 역사에서 모습을 감췄다.

　　한 왕조가 멸망한 시점은 온난화 시기가 끝나고 한랭한 건조 기후가 시작된 시기와 일치한다. 하지만 더 큰 위협은 아직 중국에 도래하지 않았다. 위, 촉, 오로 분리되어 있던 중국은 사마염이 위나라를 멸하고 기원후 265년에 세운 서진에 의해 280년 다시 통일되었다. 하지만 통일도 잠시일 뿐, 2대 황제로 지적장애가 있는 사마충이 등극한 이후 외척들의 전횡과 종친들이 벌인 팔왕의 난으로 혼란이 가중되면서 연이은 흉년으로 고통받던 중국 백성들의 삶은 더욱 피폐해졌다. 서진이 내부 혼란으로 약해지는 가운데 기후는 더 혹독해졌다. 드디어 중국 서북부와 북부에 살던 흉노, 갈, 저, 강, 선비족이 서진을 침략해 기원후 304년부터 이민족이 중국의 북부를 지배하는 5호16국 시대가 시작되었다. 이 시기 중국 북부는 수많은 전쟁과 단명하는 국가들로 인해 혼란과 고통의 연속이었다.

　　기원후 200년 전후에 시작된 한랭 건조한 기후는 가뭄으로 인한 흉년으로 농사 지역을 축소시키고 목축지를 황폐화시키면서 대규모의 민족 이동을 야기했다. 결국 기후변화가 동서양 두 제국의 종말과 문화의 퇴보를 초래한 셈이다.

─────── 중세 소빙하기와 조선의 경신 대기근 ───────

대략 1,300년 무렵에 시작된 소빙하기는 다시 한 번 인류를 죽음의 공포로 밀어넣었다.[183] 이전의 고대 문명과 제국을 몰락의 길로 이끈 것이 건조화로 인한 가뭄이었다면, 소빙하기에는 춥고 습한 기후가 지구를 덮쳤다. 고대 시기는 중세나 근세보다 인구도 적었으며 가뭄으로 강이 메마르기까지 수십 년에서 수백 년의 시간이 걸렸기 때문에 비록 문명과 왕조는 망한다 해도 거주민들은 다른 지역을 찾아 떠날 수 있는 시간적 여유가 있었다.

하지만 소빙하기의 재앙은 손쓸 틈 없이 갑작스럽게 찾아왔다. 동서양이 한 번도 경험해보지 못한 무시무시한 기근이 대륙 전역을 덮쳤다. 소빙하기가 시작될 무렵 유럽은 이미 지역간 경계가 존재했고 중세의 온난화 시기(1,000~1,200년) 동안 농업 생산량이 크게 향상되어 인구도 사회가 감당할 수 있는 한계치까지 증가한 상황이었다.

1315년 봄이 되자 갑자기 큰 비가 내리기 시작했다. 여름까지 이어진 비로 농사는 파종 시기를 놓쳤으며, 운이 좋아 파종되었더라도 씨앗들이 물속에서 썩어들어갔다. 수확기에 추수한 식량이 당시 인구를 먹여 살리기에 턱없이 부족해지자 숲속에서 먹을 수 있는 것이라면 뿌리, 견과류, 심지어 나무껍질까지 가리지 않고 먹었다. 이듬해 봄이 되자 다시 여지없이 비가 내리기 시작했다. 여름까지 그칠 줄 모르고 내린 비로 춥고 음산해진 기후는 농노들을 절망에 빠뜨렸다. 더 심한 기근이 발생했다. 파종을 위해 남겨두었던 씨앗까지 먹을 수밖에 없었으며 농사에 이용되는 소, 말 등도 잡아먹었다. 그럼에도 굶어 죽는 사람들이 속출했다. 얼마 지나지 않아 남아 있는 것이 거의 없을 정도였다. 씨앗은 물론 밭을 경작할 가축도 없었다. 무엇보다 영양실조로 고통받는 상황에서 정상적인 농사를 기대하는 것 자체가 애초에 불가능했다. 당시 도시와 시골을 합쳐 150만 명이 아사하거나 영양실조에 의한 전염병으로 사망했다.[184]

심각한 식량난은 부자나 빈자, 양반이나 농노 힐 깃 없이 모두를 덮쳤지만 그중에서도 가진 것 없는 사회적 약자층이 입은 피해는 이루 말할 수 없었다. 설상가상으로 1337년 프랑스와 영국 간에 백년전쟁이 발발했다. 프랑스 왕위를 차지하기 위해 한 세기 동안 지난하게 이어져온 전쟁은 잔다르크에 의해 프랑스의 승리로 끝나지만 전쟁으로 인한 양국 백성들의 삶은 더욱 피폐해졌다. 최악의 전염병인 흑사병이 1347년 창궐했다. 중국에서 발생한 흑사병은 무역 경로를 따라 크림반도와 제노바를 통해 유입되어 식량 부족으로 면역력이 약해질 대로 약해진 유럽인들의 목숨을 앗아갔다. 1351년경에는 러시아 지역까지 전 유럽으로 퍼져나갔다.[185]

철저하게 유럽 사회가 무너져내렸다. 사람들이 많이 모인 도시와 수도원에서 특히 피해가 컸다. 농사를 지을 수 있는 노동력이 급감하자 중세 농노제는 막을 내릴 수밖에 없었다. 당시 흑사병에 의해 2,500만 명의 사람들이 목숨을 잃었으며 16세기 초까지 이전의 인구 규모를 회복하지 못했다.[186] 재앙을 신이 내린 심판으로 여겼던 당시 사람들의 무지와 광기가 더해져 무고한 희생양을 만들어냈다. 집시와 유대인들이 흑사병을 일으킨다는 근거 없는 이유로 학살되었으며, 힘없고 가엾은 여인들은 마녀로 몰려 가혹한 고문을 받고 화형당했다. 독일 바이에른 지방의 밤베르크시에서만 1626년부터 1630년 사이에 무려 630여 명이 마녀로 몰려 처형당했다.[187] 프랑스에서는 국가의 사법 체계가 갖춰지면서 비로소 통제가 가능했다.[188] 기후가 촉발한 흉년과 기근은 전염병의 창궐과 전쟁 그리고 광기가 더해져 유럽인들에게 세상의 종말을 선사했으며 중세의 종교관과 사회체제 전반을 근본부터 무너뜨렸다. 기후 위기가 구시대의 최후를 이끌었다.

1492년 콜럼버스가 신대륙을 발견한 이후, 구대륙으로 유입된 옥수수와 감자는 황폐화된 유럽에 기근을 극복할 수 있는 선물과도 같았다. 기후변화로 인한 기근이 닥쳤을 때 유럽인들이 할 수 있는 일은 없었다. 지구 반대편에서 온 새로운 작물의 높은 생산량과 생명력에 감사할 따름이었다. 16세기 유럽에 토착화된 옥수수와 감자는 17세기 들어 한랭한 기후가 다시 시작되자 보기 드문 귀한 작물이 되었다. 1492년에 콜럼버스의 첫 항해 때 가져온 옥수수는 궁정과 교황, 추기경으로부터 많은 주목을 받았다. 그러나 16세기경에 유입된 감자는 울퉁불퉁하고 거무튀튀한 감자의 모양과 발아 때 나오는 독성의 우려 때문에 처음에는 식량 작물로 전파가 쉽지 않았다. 하지만 씨감자를 묻기만 하면 몇 달 후 많은 감자가 생겨나고 전쟁으로 밭이 짓밟혀도 살아남을 수 있는 생명력 강한 작물이라는 점이 알려지면서 감자는 예비 식량인 순무를 대체하며 17세기 중엽에는 아일랜드를 포함한 북유럽까지 확산되었다.[189] 신대륙에서 건너온 옥수수와 감자 덕분에 1750년에 1억 4,000만 명이었던 유럽 인구는 1850년 2억 7,000만 명으로 크게 증가했다.[190]

소빙하기가 마무리되어가는 시점에 다시 한 번 위기가 찾아왔다. 1815년에 빙하시대 이후 최대 규모라고 할 수 있는 인도네시아 탐보라 화산이 폭발한 것이다. 엄청난 분출량과 함께 태양빛을 가려 1861년에는 전 지구적으로 기온이 0.4~0.7도 정도 낮아졌다. 미국에서는 1816년을 여름이 없던 해로 기억하고 있다.[191] 추운 날씨와 폭우 탓에 연이은 흉년과 기근은 피할 수 없었다. 기후가 악화되자 영국은 식량 부족을 해결하기 위해 식민지였던 아일랜드에서 생산된 대부분의 밀, 귀리 등을 착취했다. 아일랜드 국민들은 살아남기 위해 당시에 유입된 감자 재배에 전적으로 의존했다. 아일랜드 농민들은 럼퍼Lumper라는 감자만을 재배했기 때문에 외부 병균의 공격에 취약했다. 우려하던 상황은 1845년에 아메리카로부터 감자역병균Phytophthora infestans이 들어오면서 현실화되었다. 아일랜드의 럼퍼 감자들은 살아남지 못하고 썩어들어갔다.[192] 기근이 전 국토를 휩쓰는 상황에서 이질, 콜레라 등 전염병이 창궐해 죽어나가는 자들이 부

구빈원에 쇄도하는 아일랜드인들

지기수였다. 더욱이 이 기간에도 영국의 잔인한 곡물 착취는 계속되어 고향을 등지고 북아메리카로 떠나는 난민들로 인산인해를 이루었다.[193] 당시 감자역병균은 유럽의 다른 지역에도 피해를 입혔고 폭등하는 곡물 가격으로 기근의 피해가 만연했지만, 불행히도 영국의 식민지 상태에서 아일랜드 사람들이 입은 피해가 가장 최악이었다. 1840년에 835만이었던 인구가 1850년에는 688만 명으로 급감했으며, 이후에도 척박한 아일랜드를 계속 떠나는 사람들이 많아 1890년에는 472만 명으로 인구가 감소되었고 2020년에도 500만 명 정도에 머물러 있다.[194]

소빙하기 시기에는 한반도에 거주하고 있던 우리 선조들도 재해와 기근을 피할 수 없었다. 한랭하고 건조한 기후로 인해 1392년부터 1850년까지 460년 동안 재해 79건, 기근 79건, 전염병 900건이 있었다. 특히 1651년부터 1700년 사이에는 그 피해가 더욱 심해 50년 동안 재해 18건, 기근 26건, 전염병 216건이 발생했다.[195] 더욱이 1670년부터 1671년까지의 경신 대기근은 그 재앙이 가히 파괴적이어서 일반 백성들의 삶이 철저히 붕괴되었다.

《현종실록》에 따르면 1670년 현종 재위 11년에는 봄에 들어섰는데도 눈과 우박이 내렸다고 전한다. 남쪽 지방인 경상도와 전라도에서는 4월인데도 서리와 우박이 내렸고, 경기도와 평안도는 5월에 우박이 내렸다는 기록이 있다. 설상가상으로 가뭄이 심했다.《현종실록》은 3월 말이 되자 사태의 심각성을 깨달은 조정이 기우제를 지내기 시작했다고 전하고 있다. 4월 들어 가뭄이 더 심해지자 밭의 보리와 밀이 말라 죽었고 물이 없어 파종 시기를 놓쳤다고 기술되어 있다. 5월에는 경상도에 심각한 가뭄이 발생해서 모가 타죽었다는 기록도 있다. 당시 조선 전역에 냉해와 가뭄이 폭넓게 발생하여 이미 대규모의 기근은 약속된 거나 다름없었다.

5월 말이 되자 본격적으로 비가 퍼붓기 시작했다.《현종실록》에는 남쪽 경상도와 전라도에서 북으로 함경도까지 전국이 홍수로 피해를 보았다고 기록되어 있다. 11월에 발생한 홍수는 애써 파종한 보리와 밀을 물속에 잠기게 해 썩혀버렸다. 이전에는 지역별로 농작물 생산량의 차이가 달라 한 지역에서 흉년이 발생하면 다른 지역의 농작물로 일정 부분 도움을 줄 수 있었지만, 1670년에는 전 국토가 냉해, 가뭄, 홍수 등 기후재난으로 농사를 망치면서 굶어 죽는 사람들이 속출했다. 다음 해인 1671년 신해년이 되자 더 심한 대규모 기근이 기다리고 있었다.

조선팔도에 아사자와 전염병으로 죽어 나가는 자가 부지기수였다. 영양실조로 전염병에 더욱 취약했다.[196] 현종실록(1671년 5월)에 의하면 "5월에만 굶고 병을 앓아 죽은 백성의 수가 서울에서만 3,120여 명이었고 팔도에서는 모두 1만 3,420여 명에 이르렀는데, 그 가운데에서 삼남三南이 가장 심하였다."라고 하였다. 실록에 의하면 경신 대기근 동안 대략 9만 명 정도가 기근과 전염병으로 사망했다.[197] 당시 사관들은 임진왜란보다 그 피해가 더 심하다고 평가하고 있다.

─────── **한 번도 경험하지 못한 기후가 온다** ───────

소빙하기 이전 현재보다 대략 1도 정도 기온이 높았던 온난화 시기를 거론하며 산업혁명 이후 이산화탄소로 인한 기온 상승을 걱정할 필요가 없다는 주장도 있다. 하지만 온난기 이후 등장한 소빙하기는 인류가 기후변화에 얼마나 취약하고 무기력한지를 보여준다. 중세의 온난화 시기에는 농업 생산량이 늘고 인구 수도 증가했지만 이로 인해 인류는 기후변화에 더 취약하게 되었다. 농사를 지을 수 없을 정도로 비가 퍼붓고 추위가 심해지자 인류는 속절없이 무너졌다. 사회는 아수라장이 되었고 여기저기 굶어 죽는 사람들이 늘어났으며, 한때 축제와 웃음이 넘쳐나던 도시와 마을은 초토화되었다. 결국 농업 생산량이 감당할 수 있을 만큼 인류가 죽어 나간 이후에야 겨우 최악의 상황을 벗어날 수 있었다.

비료, 제초제 그리고 첨단 농업 기술이 발달한 현재는 다를까? 세계 인구는 여전히 증가하고 있다. 농업 생산량이 획기적으로 증가하고 있지만 여전히 굶주림에 고통받는 지역들이 많다. 만일 소빙하기가 다시 찾아온다면 우리는 더 잘 준비할 수 있을 것이다. 소빙하기의 재앙 사례와 데이터를 참고할 수 있을 것이고, 댐이나 지하 물 저장고 등을 통해 홍수에 대처하며, 온실화된 실내 농장과 인공 태양, 수경재배 등 과학기술을 통해 재앙을 줄일 수 있을지 모른다. 그래도 중세만큼은 아니지만 식량 부족 사태는 발생할 것이다. 실외에서 생산하는 벼와 밀이 물밑에서 썩어나가는 것을 모두 막는 것은 현실적으로 어렵기 때문이다.

하지만 현재 인류가 직면한 것은 소빙하기의 파급 효과를 넘어선다. 중세 온난화 시기를 넘어서 점점 뜨거워지는 지구는 인류가 대략 15만 년 전 아프리카에 등장한 이후로 한 번도 경험하지 못한 문제다.

재앙 수준의 가뭄으로 물 자체를 구하기 힘들다면 작물뿐만 아니라 산과 들의 초목이 모두 말라 죽어버릴 것이다. 물이 없는 세상에서는 인간과 동물들도 당연히 살 수 없다. 인류는 극도의 굶주림

속에 멸망을 맞을 수도 있다. 지구가 다시 균형을 찾고 그나마 인류가 멸종을 가까스로 피하기 위해서는 전 세계 인구수가 얼마나 감소해야 가능할까?

인류가 경험한 최악의 재앙이었던 소빙하기 때보다 더 많은 희생을 요구할 수도 있다. 지구온난화는 인류가 인위적으로 촉발시켰기 때문에 지구는 인류 멸종을 원할 수도 있고, 아니면 최소한 인류 문명의 파괴와 퇴행을 요구할 수도 있다. 어떤 경우든 우리 후손은 생존을 걱정해야 할 것이다.

탄소 중립, 앞으로 남은 시간 5년

탄소 중립에 대한 정확한 정보를 알리기 위해 책을 쓰기 시작한 후 출판까지 1년 남짓이라는 긴 시간이 지났다. 당황스러웠던 건 지난 1년 동안 전 세계에서 일어난 이상 기후 현상들이 생각했던 것보다 더 빨리 더 큰 규모로 발생했다는 사실이다. 불과 1년 전 탄소시계가 예측한 지구 평균 기온이 1.5도 상승하기까지 남은 시간은 7년이었지만 2023년 10월 현재 기준으로 남은 시간은 5년으로 두 배 빨라졌다.

탄소 중립 목표를 달성하기 위해 목표를 세우고 구체적인 계획을 세우는 동시에 어떻게 하면 지금 당장의 기후 위기 상황에 적응해 나갈 수 있을지에 대한 고민이 사회 전체를 뒤흔들고 있다.

2023년은 1940년 기상관측이 처음 시작된 이래로 가장 뜨거운 한 해로 기록되었다. 스페인을 비롯한 유럽국가들은 기록적인 폭염을 실제로 경험했다. 세계기상기구WMO는 20년 안에 아프리카 지역의 빙하가 모두 사라질 것이라고 전망했다. 전 세계에서 가장 덥고 건조한 사막기후 지역으로 대표되는 미국 캘리포니아 데스밸리Death Valley의 최고 기온은 50도를 넘었다. 더 놀라운 사실은 건조하기로 악명 높은 이곳에 돌발적인 홍수가 발생했다는 사실이다. 1년 강우량의 75퍼센트에 해당하는 비가 단 3시간 만에 쏟아진 것이 원인이었다. 데스밸리의 폭우는 0.1퍼센트 확률로 1,000년에 한 번 있을까 말까 한 역사적인 사건이라고 했다.

지난 여름 한국의 기후 관련 기사를 보면 '전래 없는', '사상 최대', '100년 만'이라는 수식어가 늘 따라붙었다. 예상을 뒤엎는 일이 속출하면서 폭염과 태풍과 장마가 복합적으로 발생하는 이상기후 현상에 재난 수준의 대비를 해야 한다는 목소리가 커지고 있다.

이 책에서는 해수면 상승으로 사라져 버릴지도 모르는 한반도를 상상하며 탄소 중립을 실현하지 못해 맞닥뜨릴 암울한 미래를 그려보았다. 이미 현실로 다가온 뜨거운 지구, 구속력 없는 탄소 중립 목표, 더 이상 이산화탄소를 흡수하지 못하는 해양 생태계의 이상 신호들은 모두 지구가 언제 터질지 모르는 시한폭탄임을 상기시킨다.

오로지 탄소 중립만이 이 시한폭탄을 잠재우고 여섯 번째 대멸종을 막을 유일한 방법임을 독자들에게 알리고 싶었다.

사전적 의미의 탄소 중립은 이산화탄소로 대표되는 온실가스의 양을 배출한 만큼 흡수시켜 총 배출량을 0으로 만드는 개념이다. 즉 배출되는 탄소량과 흡수되는 탄소량이 같아지면 순 배출량은 '0'이 된다는 개념으로 넷제로net-zero라고도 한다. 일각에서는 넷제로는 배출원을 온실가스 전체를 대상으로 하기 때문에 탄소 중립보다 더 넓은 개념이라고 말하기도 한다. 책은 우리나라 「탄소 중립기본법」에 따른 '탄소 중립'과 '온실가스'의 정의에 기반에 작성되었기 때문에 탄소 중립과 넷제로를 같은 개념으로 다루었다.

1988년 이전까지는 기후변화 문제는 과학자들이나 시민단체와 같은 비정부 기관에서 논의되었지만 과학자들이 기후변화 문제의 심각성을 널리 알리면서 전 지구적 문제로 떠올랐다. 1988년 유엔환경계획UNEP과 세계기상기구WMO의 지원으로 창설된 기후변화에 관한 정부간 협의체IPCC의 보고서를 바탕으로 지구 온난화에 대해 보다 과학적인 접근을 하기 시작했다. 세계 주요국은 1992년 「유엔기후변화협약」 이후 1997년 「교토의정서」, 2015년 「파리협정」을 통해 기후변화에 대해 공동 대응하고 있다. 우리나라가 2021년 유엔에 제출한 국가온실가스 감축 목표NDC는 배출량 정점 시기인 2018년 대비 2030년까지 40퍼센트 감축이다. 2023년 4월에는 연도별 부문별 감축 목표를 구체화시켜 정책을 이행하는 밑그림인 '탄소 중립 녹색성장 국가기본계획'을 수립했다. 이 책의 3부에 나오는 연도별 탄소 배출량 등의 자료와 도표는 국내외에 공식적으로 발표된 연구 자료와 논문, 법령정보를 찾아 기술했다. 기후변화만큼이나 시시각각 달라지는 정책의 변화를 따라잡기 위해 최신 자료를 마지막까지 업데이트하려고 노력했다. 우리나라의 탄소 배출량을 줄이기 위한 방법으로는 다음의 일곱 가지로 제시했다.

1. 석탄발전에 의존하던 에너지 생산 방법을 바꾸기

2. 새로운 제조방식을 통해 산업 분야 배출량 줄이기

3. 건물의 에너지 효율을 끌어올리기

4. 탄소 배출을 줄일수 있는 이동 수단으로 바꿔 타기

5. 메탄가스를 줄이기 위해 농사짓고 가축을 키우는 방법 바꾸기

6. 이산화탄소의 흡수를 위해 나무를 키우고 가꿔보기

7. 새로운 기술 상용화와 국제사회 협력 추진

책의 4부는 지구 연대기상 일어났던 다섯 번의 대멸종과 기후변화에 적응해온 인류 문명을 담았다. 그동안 인류가 자연환경 변화에 대처하고 적응해왔던 것과 달리 지금의 기후변화가 인간에 의해 촉발되었다는 점에서 우리가 할 수 있는 모든 방법을 동원해 최선을 다하는 길만이 후대를 위한 일임을 전하고자 했다.

2023년 7월 미국에서 역사상 가장 더운 한 달을 보낸 안토니우 구테호스 유엔사무총장은 제78차 유엔기후목표 정상회의에서 "인류가 지옥문을 열었다."며 산업화로 얻은 경제적 이익에 대해 주요 선진국들은 책임감 있는 실천으로 응답해야 한다고 했다. 올해 11월 두바이에서 열리는 유엔기후변화협약 당사국총회COP28는 폭염을 견딘 미국과 유럽을 중심으로 전 세계에 온실가스 감축을 의무화한「파리협정」이후 가장 중요한 회의가 될 것이라는 전망이다.

프렌치스코 교황 역시 "기후변화로 우리가 살고 있는 세계가 붕괴되고 있으며 이미 임계점에 다다랐다."며 석탄 발전을 중단할 구속력 있는 정책을 촉구했다. 아무쪼록 이 책을 읽은 독자들이라면 우리가 경험하고 느끼고 걱정하는 만큼의 진정성 있는 행동으로 탄소중립 목표를 달성하는 데 기여하길 바라며 원고에 마침표를 찍는다.

2023년 9월 가을 문턱에서

부록

기후테크
현장의 목소리

우리나라는 기후테크에 2030년까지 약 145조 원을 투자할 계획이다. 탄소 중립은 단순히 줄이고 멈추는 것이 아닌, 새로운 과학기술을 바탕으로 똑같은 경제활동을 하더라도 이전보다 더 적은 탄소 배출을 통해 지속적이고 건강한 삶을 유지해야 하는 것이다. 남보다 조금 더 빠르게 누구도 하지 않았던 새로운 기술로 세상을 바꾸는 기후테크 현장의 목소리를 담아보았다.

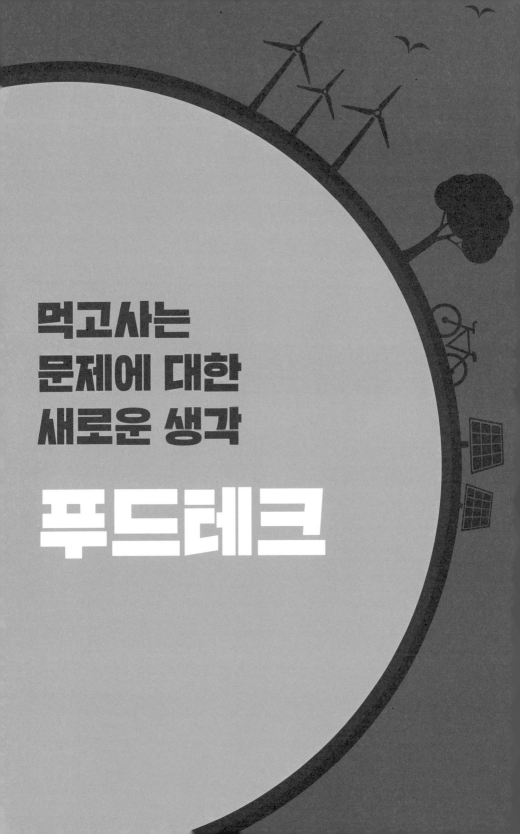

먹고사는
문제에 대한
새로운 생각

푸드테크

점점 뜨거워지는 지구로 숨도 쉴 수 없는 무더위와 모든 것을 쓸어버리는 폭우가 일상화될 날이 멀지 않다. 5분도 서 있기 힘든 뜨거운 날씨는 노지에서 자란 채소와 과일을 말라 비틀어 죽게 만들고 하늘에서 쏟아붓는 엄청난 물 폭탄은 1만 년 동안 인류의 주식이었던 벼나 밀을 흔적도 없이 쓸어버릴 것이다. 곳곳에서 일어나는 산사태로 인근 농작물이 흙 속에서 썩어나가는 일도 다반사일 것이다.

하지만 지금까지 보지 못한 이상기후에도 에어컨과 시스템이 잘 구축된 집에서 온갖 편의를 누리고 사는 도시인들은 이 모든 게 자기와 거리가 먼 얘기로만 들릴 것이다. 뉴스에서 보도되는 기후재난 현장에 가슴을 쓸어내리면서도 어느새 그 심각성을 잊어버리고 만다. 그러나 어느 날 갑자기 하나둘씩 식료품이 품절되고 재고가 바닥나버리기라도 하면 어떻게 될까? 온라인과 오프라인 시장을 통틀어 먹거리를 점점 구하기 어렵게 된다면 어떻게 될까? 우리는 영화에서나 볼 수 있을 법한 폭력과 혼란이 지배하는 무정부 상태로 빠지게 되고 말 것이다. 기후재난에 맞서 안전하게 먹거리를 확보하기 위한 새로운 기술이 절실하다.

어밸브

누구나 프로 농업인이 되다

우리 생활 곳곳에 AI가 도입되고 있다. 챗GPT에게 경제 문제를 물으면 여러 데이터를 학습한 AI의 만족스러운 답변을 얻을 수 있다. 세탁기, 냉장고 등 가진제품에도 예외 없이 AI기 적용되어 섬유 제질과 사용 패턴 등을 고려한 최적화된 서비스를 제공하고 있다. '농사를 전문적으로 짓는 사람이 아니더라도 누구나 농사를 지으면서 육체적으로 고된 농사를 자동화할 수 있는 방법은 없을까'라는 고민에서 출발한 어밸브라는 젊은 기업이 있다.

2019년도에 설립된 벤처기업인 어밸브는 농사를 처음 접하는 초보자라도 최상의 농작물을 재배할 수 있도록 돕는 AI를 탑재한 소프트웨어 'AIGRI'를 개발했다. 현재는 작물의 생육 변화를 관찰할 수 있는 카메라 모듈 개발과 함께 재배용 식물공장까지 패키지로 설치할 수 있는 기업으로 발전하고 있다. 서울 서초구 예술의 전당과 가까운 곳에 위치한 연구소에서는 농업 인공지능을 향상시키기 위한 연구와 식물공장에서 사용될 각종 기능성 물질과 유전자에 관한 연구를 진행 중이다. 대학에서 기계공학, AI 전문가, 생명공학 등을 전공한 어밸브 멤버들은 각자의 전문성을 살려 농업 생산에 혁신을 꾀하고 있다.

미국 경제 전문지 〈포브스〉의 '2023년 30세 이하 아시아에서 가장 영향력 있는 리더 30인'에 선정된 이원준 대표도 대학에서는 기계공학을 전공했지만 농업에 대한 애정은 타의 추종을 불허한다. 왜 농업 AI인가라는 질문에 이원준 대표는 "여러 제조업과 서비스업 분야에서 AI 활용이 빠른 속도로 확산되고 있지만, 농업은 불모지나 다름없어 도전해볼 가치가 충분했다."라고 언급하며 "기후 위기로 노지 생산은 점점 어려워지는 반면, 농업 AI를 바탕으로 한 스마트팜 시장은 갈수록 커질 것이라는 확신이 있었다."라고 소회했다.

어밸브의 강점은 자동화 알고리즘과 어디에나 호환 가능한 자체 빅데이터 수집 시스템이다. 스마트팜에 인공지능 기술을 더해 키우고 싶은 작물의 통일된 데이터를 수집하고 통합 플랫폼에 원격으로 저장한다. 따라서 시간이 가면 갈수록 빅데이터를 기반으로 한 어밸브의 솔루션은 고도화된다. 작물의 생육 단계별 잎 모양과 줄기와 뿌리의 발달 상태를 고성능 카메라와 센서 등을 통해 수집하여 이를 맵핑(데이터의 표준화 작업)한 후 AI를 학습시켜 자동으로 생장 환경을 최적화할 수 있는 스마트팜 환경을 조성하고 있다. 현재는 원격으로 작물의 보이지 않는 부분까지 성장과 병충해 상황을 알 수 있는 3D

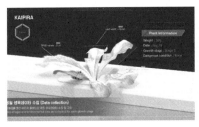

어밸브 AIGRI system

판독 시스템을 개발하고 있다.

　이원준 대표는 시간이 지날수록 축적되는 데이터 양이 증가하고 있어 앞으로 관리할 수 있는 작물 종류가 늘어날 것이며, 통합 AI 데이터 처리 플랫폼AIGRI system을 통해 지구 어디서나 개인 가정과 기업에서 균일한 품질의 농작물 재배가 가능할 것이라고 포부를 밝혔다. 어밸브의 농업 AI 기술은 국제적으로 인정을 받아 2023년 5월에는 베트남 농업농촌부, 하이테크파크센터 등과 협업하여 하노이 인근 빈푹성에 대규모 스마트팜 단지를 구축했다. 이를 시작으로 태국, 인도네시아, 싱가폴 등으로 사업을 확장하고 있다.

　또한 Farm Station이라는 스마트팜 통합 플랫폼을 통해 스마트팜을 설계, 시공, 작물 생산, 유통, 판매까지 지원하는 종합 컨설팅 서비스 체계를 구축할 계획이다. 소프트웨어에 강점이 있는 어밸브가 주축이 되어 하드웨어 업체, 유통업체까지 포괄하는 협력 시스템을 만들 목표를 갖고 있다. 2023년 농림축산식품부*는 스마트팜을 이용한 농업시장 규모가 2022년 161억 달러 규모에서 2025년에는 220억 달러까지 성장할 것으로 전망하는데, 이 중 소프트웨어 시장은 2025년에 46억 달러에 이를 것으로 보고 있어 소프트웨어에 세계적인 경쟁력을 갖춘 어밸브의 발전이 많이 기대된다.

❋　농림축산식품부(2022.10.4), 스마트농업 확산을 통한 농업혁신 방안

SY솔루션

고기 없는 세상

큰 눈망울에 온순한 황소는 예부터 우리 민족과 함께해왔다. 과거에는 트랙터처럼 힘들고 거친 농사일을 거침없이 해낸 농부의 보물이었고, 현대에 들어와서는 한국인의 입맛을 사로잡는 한우로 자리 잡았다. 마블링이 고루 퍼진 소위 두뿔 한우고기는 미국이나 호주산 쇠고기보다 훨씬 높은 가격에 판매되는 등 고급육이라는 이미지도 확보했다.

지금도 비싼 한우는 앞으로 더 접하기 힘들 것이다. 소가 뱉어내는 메탄이 지구온난화의 주범으로 인식되고 있기 때문에 앞으로 축산 산업의 축소는 불가피한 상황이다. 하지만 소득이 높아짐에 따라 우리나라를 포함한 전 세계적인 육류 소비는 그동안 증가해왔으며 앞으로도 확대될 것으로 예측된다. 이러한 불일치를 조정하고 탄소 중립에 적합한 단백질 소비 습관을 확산시키기 위해 SY솔루션의

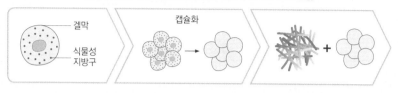

솔루션 육즙 구현 기술(대체육 최초 '육즙 구현 기술' TIPS 선정)

캡슐화

겔막

식물성
지방구

대체육　　　　　　간편식　　　　　　건강 음료

SY솔루션 미트체인지

박서영 대표는 14년 동안 육가공 회사를 운영한 노하우를 바탕으로
식물성 단백질을 이용해 실제 고기의 육질과 맛을 구현하고자 연구
를 거듭해오고 있다. 기존의 콩으로 만든 고기들이 갖고 있던 물컹
한 식감과 콩 특유의 비린내 문제를 해결하기 위해 솔루션은 수많은
실험과 시행착오를 거쳐 마침내 국내 대체육 스타트업 최초로 식물
성 오일을 통한 육즙을 구현하는 데 성공했다. 특히 육질을 결정짓는
식물성 지방이 요리 중에 녹아 사라지지 않도록 이중 캡슐링 기술을
개발해 식물성 마블링이 형성될 수 있도록 했으며 씹었을 때 육질이
나도록 식감에도 공을 들였다. 청주에 위치한 SY솔루션 회의실에서

맛본 식물성 떡갈비와 스테이크 튀김 닭은 식감과 맛이 실제 고기와 구별할 수 없을 정도로 유사했다.

SY솔루션은 자체 브랜드인 미트체인지MEETCHANGE를 구매할 수 있는 온라인 마켓meetchange.co.kr을 운영하고 있다. 식물성 고기로 일차 가공된 스테이크, 미트볼, 돈가스뿐만 아니라 요리된 다양한 상품도 구매할 수 있다. 박서영 대표는 "저희가 개발한 식물성 고기가 좋은 건 알지만 여전히 낯선 것이 현실이므로 소비자의 눈길을 잡기 위해서는 다양한 요리법을 직접 선보일 필요가 있었습니다. 그래서 직접 식물성 고기를 이용한 미트볼 스파게티, 고추장 불고기, 함박스테이크 도시락 등을 가정 간편식으로 개발해 시장에 출시했으며 호주에 수출할 정도로 인기를 얻고 있습니다."라고 언급하며 꾸준히 소비자에게 다가가는 노력이 식물성 고기에 대한 인식을 높여줄 거라고 강조했다. 기존 육류를 대체하는 식물성 고기에서 출발하여 가정 간편식, 대체음료를 넘어 헬스케어를 비전과 목표로 삼고 있는 SY솔루션은 대량생산과 가격 경쟁력을 확보하기 위해 식물성 조직 단백질TVP을 직접 생산할 수 있는 시설을 확충해나갈 계획이다. 대체로 대체육 개발회사들이 대만 등에서 원재료인 식물성 조직 단백질을 수입하고 있어 가격 경쟁력을 담보하기에 어려움이 있지만, SY솔루션은 과감한 투자와 R&D를 통해 최적의 원료를 확보해가고 있다. SY솔루션의 비전이 실현된다면 가까운 미래에는 와인을 곁들인 식물성 스테이크를 즐기는 고기 애호가들의 모습들을 쉽게 마주할 수 있을지 모른다.

대한제강

GREF FarmLab 공장과 스마트팜을 연결하다

기후 위기 속에서 농작물을 안정적으로 생산하고 공급하는 것이 무엇보다 중요하다는 사실을 인식하고 새로운 변화를 주도하는 기업들이 있다. 건축물에 들어가는 국내 철근의 20퍼센트를 생산하는 대한제강도 그러한 기업이다.

1954년도에 설립된 이후로 연간 240만 톤의 철강을 생산하는 대한제강은 현재 국내 철근 제조업 3위 기업으로 성장했다. 2021년 2월에 2050 탄소 중립을 선언한 해인 2021년 2월을 기점으로 대한제강은 온실가스 감축을 위해 변화하는 경영 환경에 발맞춰 새로운 사업을 모색하고 인간의 삶에 기여할 수 있는 여러 방안들을 고민해왔다. 사내 공모전을 열어 직원들로부터 다양한 아이디어를 받았을 뿐만 아니라 철근을 생산하는 과정에서 사용되고 버려지는 열을 활용해 식물공장(스마트팜)을 운영해보자는 아이디어를 받아들여 이를 현실화시켰다. 철강회사와는 완전히 다른 분야이면서 당장 이익도 나지 않는, 성공을 장담할 수 없는 사업이었지만 오치훈 대표의 과감한 투자로 2022년 5월 대한제강의 부산 신평공장 야적장에 1,300평 규모의 스마트팜이 문을 열 수 있었다. 원래 철근공장으로 허가받은 부지에 건립되었기 때문에 현재는 GREF FarmLab이라는 연구시설 부속물로 운영되고 있다. 대한제강은 현재 스마트팜에 작물별로 구역을 나누어 토마토, 딸기, 파프리카, 망고를 재배하며 혁신을 꾀하고 있다.

사업 아이디어를 내고 현재 사업 총괄까지 맡고 있는 신동명 팀장은 공장에서 버려지는 폐열을 활용해 물을 끓이고 이를 유리온실에 설치된 파이프로 흘려보내 겨울철에는 따뜻하게, 여름에는 시원하게 유지할 수 있다고 한다. 전기나 유류를 통해 냉난방 시설을 유지할 때보다 월 1,000만 원 정도의 운영비를 절감할 수가 있다고 하니 스마트팜을 통한 농업 생산에서 가장 큰 걸림돌이었던 비용 절감 측면에서 혁신적인 모델이라 할 수 있다. 기후 위기로 실외 농작물 재배가 갈수록 어려워진다면 식량 공급에 차질이 생길 수밖에 없다. 이에 대한 대안으로 스마트팜이 여기저기서 많이 거론되고 있지만 냉난방 등에 소요되는 운영비가 만만치 않아 경제성을 확보하지 못해 기대만큼 사업 확산이 어려운 실정이다.

대한제강의 GREF FarmLab은 이러한 장애물을 넘을 수 있는 혁신적인 방식이다. 열이 버려지는 공장은 수도 없이 많다. 제철소 외에도 석유화학공장이나 발전소, 시멘트공장 들이 제품 생산 과정에서 발생한 열을 대기 중에 흘려보내는 경우가 다반사다. 이런 공장과 스마트팜을 직접적으로 연계할 수 있다면 가격 경쟁력을 갖춘 농산물을 매년 안정적으로 제공할 수 있다. 대한제강은 신평공장의 노하우를 바탕으로 부산 녹산공단 내 제강공장의 폐열을 활용해서 대규모의 스마트팜을 인근에 설치할 계획이다. 규모의 경제를 확보해서 시장에서 팔릴 수 있는 값싸고 품질 좋은 유기농 토마토, 파프리카, 망고, 딸기 등을 연중 공급하는 혁신적인 농업 회사로 변신을 꾀하고 있다.

대한제강이 농업에 진심인 것은 구독자 3만 명이 넘는 유튜브 채널 '스튜디오 망고'를 보면 알 수 있다. 철강제조업 회사가 만들었다고는 믿을 수 없을 정도로 철강 관련 이야기는 일체 없고 농업에 대한 다양한 이야기들로 가득하다. 농업에 꼭 필요한 지식뿐만 아니라 청년 농부 이야기, 농작물에 얽힌 재밌는 에피소드로 구성되어 있다. 농업의 디지털 혁명이라 불리는 혁신적인 농업기술로 기후 위기를 극복해 회사의 미래를 책임지고 이끌어갈 의지가 상당하다는 걸 느낄 수 있다.

신동명 팀장은 스마트팜이 앞으로 공장에서 배출되는 이산화탄소를 줄이는 데도 일조하리라 보고 있다. "처음 아이디어는 점점 심각해지는 기후 위기와 식량 위기 상황에서 공장의 버려지는 열을 활용한다면 탄소 감축에 도움이 될 수 있으리라 생각해 계획했다."라고 언급하며 공장에서 배출되는 이산화탄소를 산림이나 탄소 포집·활용·저장 기술ccus 방법만이 아니라 스마트팜을 통해서도 감축할

대한제강 GREF FarmLab

대한제강 GREF FarmLab, 굴뚝 배기가스 활용 생육 환경 조성

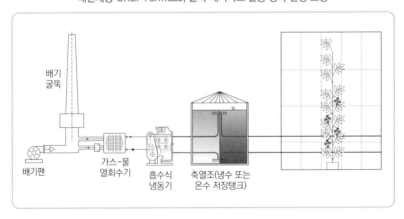

수 있다는 점을 강조했다. 다만 현재는 공장에서 배출된 이산화탄소를 포집해서 이를 GREF FarmLab에 주입하는 데 시설비만 10억 원 상당이 드는 반면, 연중 팜을 운영하는 데 필요한 이산화탄소를 구입하는 데는 1억 원 정도의 비용이 소요되어 아직까지는 아이디어를 실현하는 데 한계가 있다고 아쉬워했다.

이 부분은 해당 분야의 과학기술이 발달하고 회사가 감축하는 탄소량이 배출권 시장에서 괜찮은 가격을 받을 수 있다면 해결될 것이다. 대한제강의 과감한 도전은 온실가스를 줄이기 위해 고민하는 기존의 기업들에게 새로운 돌파구를 제시할 뿐만 아니라 제조업과 대규모의 스마트팜이 연계된 새로운 사업 모델을 제시하는 데도 일조하고 있다.

참고로 네덜란드 암스테르담 북부에 위치한 Agriport A7에는 430ha 규모의 유럽 최대의 스마트팜이 운영되고 있는데, 인근에 건립된 마이크로소프트와 구글의 데이터 센터에 발생하는 열을 스마트팜의 냉난방용으로 활용하고 있다. 대한제강 스마트팜 사례를 통해 레고의 블록처럼 스마트팜을 제조업뿐만 아니라 데이터 센터에도 조립하는 적극적인 시도가 우리나라에도 활성화되길 바란다.

엔씽

사막과 화성에서도 샐러드를

끝없이 황량한 붉은 바위와 모래밖에 없는 화성에 조난당한 NASA의 우주인 마크는 지구에서 구조대가 올 때까지 4년간을 화성에서 살아남아아 한다. 우주기지를 샅샅이 뒤져 그럭저럭 1년 정도의 식량을 확보했지만 더 이상은 무리인 상황에서 식물학자인 마크는 감자를 재배하기 시작한다. 우주선 연료인 수소를 이용해 어렵게 만들어낸 물로 척박한 땅을 적시자 붉은 흙더미를 뚫고 싹이 나기 시작한다. 구조대가 올 때까지 버틸 수 있을 것이라는 희망과 함께 불모지인 화성에서 식량을 재배했다는 개척자로서의 기쁨이 화면을 가득 메운다. 하지만 모든 것이 순조롭다고 여기는 순간에 우주기지가 파손되면서 재배 중인 농작물이 모두 얼어죽고 만다.

2015년에 개봉한 영화 〈마션〉의 이야기다. 이 영화는 먹을 것이 없는 화성에서 살아남기 위해 사투를 벌이는 식물학자 마크의 지구

귀환기를 담고 있다. 그런데 만약 NASA와 마크가 한국의 엔씽을 알았다면 훨씬 더 오랫동안 편안하게 신선한 농작물을 즐기며 구조대를 기다릴 수 있었을 것이다. 아니면 나아가 화성을 인류를 위한 새로운 보금자리로 개척한다는 진취적인 계획도 세웠을지 모른다. 엔씽은 2014년에 출발한 모듈형 수직 농장을 생산하는 회사에서 출발해서 지금은 'Sik Mul Sung'이라는 자체 브랜드를 통해 신선 채소를 소비자에게 직접 공급하는 일도 진행하고 있다. 화성에서조차 신선한 먹거리를 제공하겠다는 목표로 어떤 역경에서도 채소를 생산할 수 있는 기기와 재배형 소프트웨어를 결합한 일체형 모듈로 사막국가인 아부다비와 중동지역에 진출하고 있다.

압구정동에 위치한 핫플레이스 '식물성 도산'에서 만난 김혜연 대표는 "기후변화, 환경오염 등으로 재배 환경은 악화되는 반면에 신선 농작물에 대한 수요는 점차 증가하여 2025년에는 친환경 무농약 농산물에 대한 국내 시장 규모가 2조 300억 원에 이를 것으로 예측된다."고 언급하며 실내 모듈형 수직 농장의 밝은 미래를 전망했다. 그는 실내 수직 농장이 앞으로 도시를 구성할 필수 인프라로 자리 잡을 것이라는 점을 강조하며, 기존에 농장 → 경매 → 물류센터/가공공장 → 소비자로 연결되던 농산물 공급 단계가 앞으로는 생산/가공/수요가 한곳에서 이루어지는 원스톱 시스템으로 전환될 것이라고 설명했다.

도시형 푸드시스템을 누구보다도 먼저 선점하기 위해 엔씽은 두 가지 전략을 추진하고 있다. 하나는 도시 곳곳에 카페형/편의점

엔씽 아부다비 농장

엔씽 GIGA FARM

형 수직 농장을 설치하는 것이다. 도시에 생활하는 누구나 쉽게 수직 농장에서 생산된 신선 채소와 과일을 접할 수 있도록 카페와 결합된 또는 대형 아파트 단지 로비 등에 엔씽형 수직 농장을 설치하는 것이다. 녹색이 주는 안정감과 세련된 디자인이 멋스러운 자동화된 엔씽형 수직 농장은 색다른 인테리어 경험도 제공하며 무농약의 신선

채소를 섭취할 수 있는 기회를 제공할 것이다.

두 번째는 대규모 시설이다. 이미 경기도 이천의 이마트 후레시센터 옆에 모듈형 수직 농장인 '큐브 이천'을 설치해서 생산된 신선채소를 전량 이마트에 공급하고 있다. 기존에는 멀리 떨어진 산진에서 생산된 채소를 집하해서 가공 처리했다면, 이천에서는 바로 옆 큐브에서 육묘되고 재배된 채소를 직접 공급받기 때문에 높은 신선도를 유지할 수 있고 물류비용도 절약할 수 있다. 앞으로 이마트 같은 유통회사들이 온실가스 배출량을 공시할 때 물류과정에서 발생한 탄소Scope3까지도 보고해야 하는데, 엔씽이 개척하고 있는 일체화 시스템은 Scope 3을 줄일 수 있는 대안으로 제시될 수 있다.

김혜연 대표는 현재의 시스템을 확대해서 앞으로 2만 평 규모의 'GIGA FARM'을 설치할 계획을 갖고 있다. 이로 인해 완전히 밀폐된 공간에서 육묘/재배/가공/출하가 모두 자동화되어 연간 12만 톤의 신선 농작물을 제공할 수 있는 세계 최대 수직 농장이 가동하게 된다. 엔씽의 비전과 포부는 세계적으로 인정받아 세계 최대 가전 전시회CES, Consumer Electronics Show에서 지속가능성, 에코 디자인 및 스마트 에너지 부문 CES 혁신상을 수상했다. 엔씽의 꿈이 실현된다면 머지 않은 미래에는 수직 농장을 집 근처에서도 접할 수 있을 것이다. 투명한 재배 과정을 지켜보며 바로바로 가공 처리되는 신선한 채소와 과일을 맛볼 수 있을 것이다.

에너지
전환이
정답이다

클린테크

우리나라는 온실가스 배출량을 줄이기 위해 화석연료의 발전량을 줄이고 원전 및 재생 에너지로의 전환을 꾀하고 있다. 하지만 재생 에너지는 시간과 날씨에 영향을 받기 때문에 지속성과 안정성 면에서 대책 마련이 시급하다. 태양광의 경우 날씨의 영향으로 필요한 에너지보다 더 많이 생산된다면 잉여 전력을 저장할 장치가 필요하다. 반대로 생산되는 에너지가 적다면 풍력 등의 다른 에너지로 충당해 수요를 맞춰야 한다.

에너지원의 인근에서 생산되고 소비되는 에너지를 분산 에너지라고 하는데, 전력 수요 지역 인근에 설치하여 송전선로의 건설을 최소화할 수 있는 40 메가와트 이하의 모든 발전 설비 또는 500메가와트 이하의 집단 에너지, 구역 전기, 자가용 발전 설비가 해당된다. 경제 산업 활동에서 가장 기본이 되는 전력을 생산하는 에너지 부문의 탄소 배출 감소는 노력을 너머 탄소 중립 목표를 달성하기 위해 반드시 지켜야 하는 과제다. 석탄 발전을 대체할 재생 에너지의 생산, 저장 장치, 분산형 에너지의 효율적 활용 방법에 대한 신기술은 빠르고 혁신적이길 기대한다.

식스티헤르츠

햇빛과 바람을 모두 모아드려요

심각한 산불, 폭염, 폭우로 기후변화를 직접적으로 체감하게 되면서 기업이 사용하는 전력량의 100퍼센트를 재생 에너지로 충당하겠다는 기업들의 RE100 Renewable Electricity 100% 참여 확산세가 예사롭지 않다. RE100 캠페인은 기업들의 글로벌 재생 에너지 이니셔티브로 자발적 약속이라는 점에서 더욱 눈길을 끈다. RE100 캠페인은 2014년 뉴욕 기후 주간에서 국제비영리환경단체 기후 그룹 The Climate Group과 탄소 공개 프로젝트 CDP, Carbon Disclosure Project*에 의해 처음 소개되었다. 2014년 「파리협정」의 성공을 이끌어내기 위한 지지캠페인으로 시작했다. 해외에서 구글과 애플, 제너럴모터스 등이 선도적으로 캠페인에 참여했고 우리나라에서는 2020년 SK하이닉스를 포

---

* 탄소 공개 프로젝트: 세계 주요 상장회사들에게 기후변화 관점에서 기업의 경영전략을 요구, 수집하여 연구 분석을 수행하는 글로벌 프로젝트

함한 SK그룹의 RE100 참여를 시작으로 2023년 현재 삼성전자, 네이버, 카카오와 LG그룹 등 총 34개의 기업이 글로벌 RE100 프로그램에 동참했다. 이들은 대부분 재생 에너지를 태양열과 풍력을 중심으로 에너지를 조달하게 된다.

RE100은 1년간 기업의 총 소비전력과 총 재생 에너지 생산량, 혹은 구매량이 일치하는 것으로 평가한다. 만약 자체적인 생산량이 부족하면 발전사로부터 재생 에너지 공급인정서REC를 구매하는 방식으로도 충당할 수 있다.

2023년 기준 우리나라의 재생 에너지 발전소는 약 10만 개 이상이다. 각 발전소에서 사용되고 남은 태양광과 풍력 에너지를 모아보면 그 양이 어느 정도나 될까? 또 하루에 필요한 발전량을 예측해서 꼭 필요한 곳에 에너지를 배분한다면, 에너지원의 효율적인 운영 관리를 할 수 있지 않을까? 이것이 식스티헤르츠60Hertz 김종규 대표가 빅데이터와 AI을 활용해 소규모 분산 에너지를 관리하는 솔루션을 개발하게 된 계기다. 모든 재생 에너지 발전소는 발전량을 예측하는 시스템이 필요하다, 국제에너지기구를 포함한 세계의 많은 에너지 시장에서는 재생 에너지 발전소의 하루 전 발전량을 제출하도록 요구하고 있기 때문이다. 또한 재생 에너지를 비롯한 분산 전원의 안정적인 운영을 위한 가상 발전소 기술도 필요하다. 발전량 예측 시스템은 에너지 분야의 IT 기술을 가속화하는 게이트웨이 역할을 톡톡히 해낸다. 식스티헤르츠는 에너지 IT 기술의 활용으로 재생 에너지 활용률을 극대화하여 탄소 저감에 기여하고 있어 다섯 가지 기후테

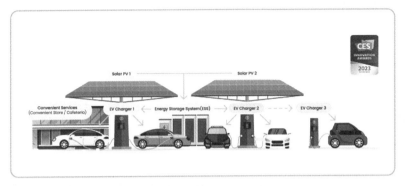

에너지 스크럼(EnergyScrum)

크 산업 중 클린테크 기업으로 잘 알려져 있다.

그동안 전력 시장은 한국전력이 독점해왔는데 2021년부터 기업 대상의 새생 에너지 공급이 가능해졌다. 잉여 전력이 발생했을 때 거래를 도와주는 소규모 전력 중개사업이 에너지 신산업으로 부각되고 있다. 식스티헤르츠는 초기 시장에서 카카오 현대차그룹 등 주요기업의 재생 에너지 공급을 수행하면서 분산되어 있는 재생 에너지를 한곳에 모아 관리하고, 공공데이터를 활용해 에너지 공급과 수요를 예측해주는 비즈니스 모델을 성공적으로 안착시켰다. 식스티헤르츠가 분산 에너지를 모아 기업이 자체적으로 충당하기에 부족한 에너지를 모아주는 사업의 핵심은 기업이 RE100 달성을 위해 꼭 필요한 햇빛과 바람을 모아주는 기술이다. 식스티헤르츠는 현대자동차그룹, 카카오의 RE100 프로젝트 달성에 중요한 역할을 하게 되었다. 또한 태양광과 풍력 등 재생 에너지 발전소의 에너지 데이터를 통합적으로 분석해서 발전량을 예측하는 소프트웨어도 개발 공급하고 있다. 이종 분산 전원 통합 관리 가능, 높은 발전량 예측 정확도, 가상 발전소 개발 기술은 식스티헤르츠의 강점이다.

식스티헤르츠는 지난 1월 미국 라스베이거스에서 열린 세계 최대 소비자 가전 전시회CES에서 태양광과 전기차 충전기, 에너지저장시스템ESS 등 다양한 분산 전원을 통합 관리하는 시스템 '에너지스크럼EnergyScrum'을 선보이고 혁신상을 수상했다. 김종규 대표가 말하는 소규모 전력을 모두 모아서 조금의 에너지 낭비도 없게 한다는 큰 그림이 세계 무대에 소개된 것이다. 김종규 대표는 핵심 경쟁력으로는 재생 에너지 발전량 예측 기술과 함께 다양한 전원을 통합적으로 관리하는 소프트웨어라고 말한다. 그동안 에너지 기술 산업은 공공이나 기업의 막대한 자본과 인력이 필요하다고 알려져 있어 스타트업 진입이 쉽지 않았다.

식스티헤르츠의 성공 열쇠인 AI, 빅데이터, 클라우드 기술 기반 가상발전소VPP는 4차 산업에서의 원유는 데이터라는 말을 더욱 실감나게 한다.

자원순환이
경제를
주도한다

에코테크

코로나 팬데믹으로 사회의 거의 모든 활동이 비대면으로 이루어지면서 배달 문화가 급격히 증가했다. 배달업 종사자의 폭발적인 증가로 플랫폼 노동자층도 두터워졌다. 배달 용기인 플라스틱 이용률도 대폭 상승하였는데 처치 곤란한 플라스틱 쓰레기가 나날이 쌓여가는 것을 보며 죄책감을 느꼈다는 소비자들도 늘고 있다. 그린피스는 2023년 3월 〈플라스틱 대한민국 2.0 보고서〉를 통해 재활용으로 분리 배출한 플라스틱 중 배달 음식 포장재를 포함하는 '기타 폐합성수지류'의 2021년 하루 배출량이 2019년에 비해 80.6퍼센트나 증가했다고 발표했다.

우리나라의 재활용 분리수거율은 62퍼센트로 OECD 국가 중 상위를 차지하지만, 분리 배출된 플라스틱 폐기물의 대부분은 재활용되지 않고 또다시 폐기물로 분류되는 경우가 많다. 실제 재생 소재나 에너지로 재사용되는 비율은 20~30퍼센트에 불과해 분리 배출에 대한 논란이 일고 있다.

리플라

먹어도 되는 미생물이 순도 100퍼센트의
플라스틱을 만든다

서동은 대표는 고등학교 재학시절 '재활용 산업 문제를 과학적으로 해결하라'는 '전국과학탐구대회'에 참여한 것을 계기로 플라스틱 재활용 회사인 '리플라REPLA'를 창업하게 되었다. 리플라의 사업 모델은 단순히 물리적으로 플라스틱을 골라내고 다시 사용하게 하는 재활용사업이 아니다. 미생물을 활용해 플라스틱을 분해하는 과학적인 방법으로 플라스틱 자체의 순도를 높여 플라스틱 자원을 재창조하는 혁신적 아이디어 기술 기반의 사업이다.

서동은 대표가 리플라 사업을 구체화하기 전 시장조사를 위해 만난 재활용공장의 사장님들은 플라스틱 단일 재질의 순도가 낮은 문제점에 대해 한목소리로 지적했다. 순도 98퍼센트가 한계인 플라스틱 플레이크의 남은 2퍼센트의 이물질 플라스틱 재질만 걸러낼 수 있는 기술만 있어도 납품가를 1.5배가량 높일 수 있다는 것이었다.

서동은 대표는 미생물을 통해 특정 재질만을 남기는 과학기술을 통해 플라스틱을 1만 톤을 처리한다고 가정했을 때 46억 원의 부가 수익을 낼 수 있다고 판단했고, 이를 사업화해서 창업하게 되었다. 당시 서동은 대표는 재활용공장의 사장님을 일일이 찾아다니며 설득해 얻은 정보들이 사업에 확신을 갖게 한 중요한 포인트였다고 말했다. 초기의 리플라는 재활용 플라스틱 제품 품질 저하 원인을 제거함으로써 당시 판매되는 재활용 플라스틱의 품질을 더 올리는 것이 목표였다. 그러려면 이물질 재질이 들어가지 않은 플라스틱이 가장 중요했다.

현재 리플라의 사업 부문은 크게 세 가지다. 그중 대표 사업은 2016년 곤충에서 발견한 특정 플라스틱만 분해가 가능한 균주를 활용해 가장 쓰임새가 많고 가치가 높은 폴리프로필렌 플라스틱만 배출해내는 기술인 '바이오탱크' 사업이다. 바이오탱크는 먹어도 되는 미생물을 사용한 친환경 방식인 데다 플라스틱의 재활용률을 높이는 자원 순환의 효율성을 극대화한 것으로 기후테크의 가치가 반영된 사업이라고 볼 수 있다. 또한 리플라는 재활용 플라스틱의 순도를 측정해 품질을 인증하는 기기도 있다. 이 기기로 측정한 데이터를 근거로 순도 높은 플라스틱 품질 인증 결과를 공유하는 온라인 플랫폼도 운영한다. 최근에는 특정 플라스틱만 분해하는 기술을 응용해 농촌 폐비닐 처리 기술도 개발했다. 대부분의 농가는 폐비닐 수거를 전문 처리 기업에 맡겨 처리하는데, 이때 지출하는 폐비닐 유통 비용만 연간 5,000억 원이나 된다. 단순히 버려지는 데 사용하는 것이라

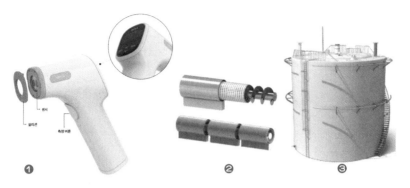

❶ 플라스틱 스캐너
❷ 바이오탱크 : 플라스틱 재활용 전처리 솔루션
❸ 농촌 폐비닐 분해 탱크 : PE·PET 친환경 분해기

환경에도 나쁜 영향을 준다. 그러나 리플라의 새로운 기술을 농가에 보급하면 농가는 유통 비용을 지출하지 않고 손쉽게 인근 공장에서 폐비닐을 분해할 수 있다.

리플라는 여러 가지 미생물종이 여러 가지 플라스틱 재질들에 각기 다른 선호도와 분해 능력을 가진다는 내용의 특허를 보유하고 있다. '플라스틱은 없애는 게 아니라 잘 남겨야 한다'는 서동은 대표의 기업 철학은 플라스틱의 재활용 처리 시 품질을 최대한 보존하는 것에 대해 연구 기반의 혁신적 기술에 기여하는 것과 함께 좋은 자원이 허무하게 태워지거나 묻히는 일을 최소화하는 노력으로 이어지고 있다. 파쇄와 세척이 주를 이루는 기존 공정을 바꾸지 않으면서 리플라의 바이오탱크를 활용하면 단일 재질 순도를 가지는 좋은 품질의 재활용 플라스틱을 만들어낼 수 있다는 것이다.

바이오탱크 공정 과정

PET, PUC,
PS, PP, PE

PP

STEP 1
여러 유형의
플라스틱을 투입

STEP 2
바이오탱크를 통해
선택적 분해 진행

STEP 3
순도 100퍼센트에 가까운
PP만 배출

    리플라 서동은 대표는 "재활용 산업이 돈이 된다는 걸 증명하려고 노력하고 있다."고 말한다. 이미 전 세계에서 플라스틱 약 92억 톤 중 70억 톤가량이 버려진 데다 그중 미처리 플라스틱이 약 60억 톤에 달하는데, 이 플라스틱의 순도를 높여 재판매하는 것을 단순히 계산해도 자그마치 우리나라 6년 예산에 해당하는 4,000조 원 정도의 수익을 낼 수 있다는 점을 강조했다. 다만 플라스틱 재활용 산업이 성장하려면 기존 공장의 플라스틱 처리 한도를 높이는 것과 함께 처리 시설에 대한 국민 인식 제고와 재활용 플라스틱 사용을 의무화하는 제도의 필요성을 언급했다.

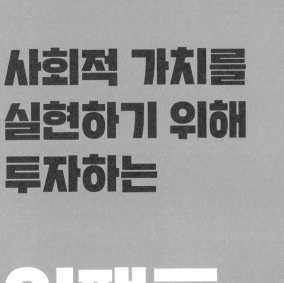

사회적 가치를
실현하기 위해
투자하는

임팩트
투자사

이제 전문가들은 한결같이 기후변화의 문제는 시간문제라고 말한다. 탄소 중립을 이루기 위해서는 지금 당장 바꿔야 하는 것들이 너무나 많다. 안정적인 생활을 대체할 수 있는 혁신 기술이 준비되어 있는지가 중요한 문제다. 또 경제산업의 근간이 되는 각 부문의 기술도 중요하지만 서로 다른 업종 간 연계 협업도 필요하다. 관성에 의해 돌아가는 습관이라는 거대한 톱니바퀴를 되돌리기란 쉽지 않다. 하지만 작은 톱니바퀴 하나가 거대한 톱니바퀴의 방향을 바꾸어놓을 수도 있다. 기후 위기 극복이라는 사회적 가치 실현을 위해 이 작은 톱니바퀴의 역할을 해줄 스타트업에 투자하는 '소풍벤처스'를 만나봤다.

비즈니스를 통한 사회문제 해결과 투자

"기후 환경문제에 혁신적인 솔루션을 제시하는 사업에 투자합니다."

소풍벤처스는 2008년 설립된 국내 첫 임팩트 투자사다. 사회적 문제를 비즈니스로 해결하는 소셜벤처와 혁신가들은 시대적·지역적 사회문제에 대한 깊이 있는 이해가 있어야 사업에 성공할 확률이 높다. 특히 사업을 통해 많은 사람의 고통을 해결하거나 다수가 겪고 있는 문제를 해결할 수 있다면 혁신적 아이디어에 대한 대규모 투자도 받을 수 있다.

소풍벤처스 한상엽 대표는 'sopoong'에 중의적 의미가 있다고 말한다. 사회적 변화를 만들어내려면 사회적으로 연결된 그룹들이 많아야 한다'는 철학에서 나온 '네트워크 그룹의 사회적 힘Social Power of Networked Group'의 약자와 사회에 변화를 일으킨다는 뜻의 '사회적 바람Social Breeze'이다. 소풍은 일반 투자사들이 중요하게 보는 재무적 성과뿐 아니라 지속가능성과 확장성을 만들어낼 수 있는 비즈니스 모델이 있는지를 눈여겨본다. 사회적 가치를 창출해낼 능력이 있는 지, 사회문제에 대해 충분히 공감하고 있는지, 문제 해결 수단이나 방법에 대해 전문성을 보유하고 있는지가 중요한 선발 기준이다. 1인 기업이 아닌 2인 이상의 팀을 대상으로 협력에 대한 부분도 눈여겨본다. 평가지표는 유엔의 17가지 지속가능 개발 목표SDGs, Sustainable Development Goals를 준용해 사용한다.

한상엽 대표의 소셜벤처 창업 경험은 소풍의 다양한 프로그램 운영에서 진가를 발휘한다. 특히 농업과 기후테크에 집중적으로 투자하며 탄소 중립이라는 전 지구적 문제를 해결하기 위해 고군분투 중이다. 잠재력 있는 스타트업을 선발한 이후 팀의 상황에 맞는 맞춤형 액셀러레이팅 프로그램(창업 지식이나 노하우 등 멘토링 프로그램)을

'소풍'의 다양한 프로그램

IMPACT CLIMATE	월 온·오프라인 이벤트를 통해 기후 투자 시장에서 꼭 알아야 할 주제나 키워드를 다루는 네트워크 프로그램
NETWORK	기후 기술 창업가와 전문가를 연결하는 네트워크 프로그램
SOPOONG CLIMATE TECH STARTUP SUNNIT	전문가와 정부(정책), 투자와 자본, 언론, 시민사회 등 각 분야 전문가를 초청해 기후 위기에 대응하고 임팩트를 내기 위한 네트워킹

제공해 성장을 돕는다. 또 임팩트 투자사들도 엑셀러레이팅 노하우를 학습할 수 있게 했다. 한 대표를 포함해 소풍에서 투자와 창업 지원을 담당하는 투자 파트너들이 창업 경험이 있다는 점은 창업팀이 오로지 사업에만 몰두할 수 있도록 돕는 경쟁력일 것이다.

2020년 소풍벤처스 2.0 출범 후 2023년 9월까지 131팀의 포트폴리오를 만들어냈고 총 운용자산은 410억 원 규모다. 사회적 문제를 해결할 수 있다고 판단되는 초기 창업팀에 최소 3,000만 원부터 최대 5억 원까지 투자한다. 동구밭, 텀블벅, 위미트, 식스티헤르츠, 리플라 등 기후테크부터 뉴닉, 퍼블리, 스티비, 어피티 등 미디어스타트업까지 다양한 포트폴리오를 구축하고 있다. 소풍벤처스가 투자해서 생존한 기업은 85퍼센트에 달한다. 미국 투자사의 생존률이 평균 50퍼센트 정도임을 감안하면 소풍벤처스의 투자 포트폴리오는 상당히 성공적이다.

한상엽 대표는 최근 주춤해진 창업시장에서도 '기후 환경' 분야만큼은 탄소 중립이라는 전 지구적 목표 아래 시장이 확대될 것이라고 말했다. 특히 2030년부터 모든 상장기업이 ESG 의무 공시를 해야 함에 따라 기후환경투자에 대한 관심이 쏠릴 것이라고 예측했다. 2022년 12월 말 기준 우리나라의 상장 기업 수는 총 2,569개, 시가총액은 2,087조 원에 달한다. 기업들은 제품생산 등 내부 밸류체인 전 과정에서 발생하는 간접 배출량인 Scope3을 포함한 ESG 의무 공시를 위해 자본, 기술, 투자 등 복합적 대안과 전략을 마련할 것이다. 또한 녹색산업으로 확실하게 인정받는 K-택소노미 포함 사업과 이에 맞는 기술력을 갖춘다면 소풍벤처스와 같은 임팩트 투자사로부터 안전하고 지속가능한 투자를 보장받을 수 있을 것이다. 지구온난화와 함께 찾아온 사회변화와 기술변화 등 어려운 현실에 직면한 기업과 창업가들이 사회문제 해결에 집중할 수 있도록 성공적 임팩트 투자 실현이 계속되기를 바란다.

참고 문헌

1 하종식(2012), 미래 건강부담 추정의 영향 요인 고찰, 한국환경연구원

2 채여라 외(2017), 신기후체제와 기후안전사회로의 전환, 경제인문사회연구회

3 남한 상세 기후변화 전망보고서(2021), 국립기상과학원

4 조현정, 이희일, 이상원(질병관리청, 2017), 주요 환경 변화에 따른 미래 감염병의 발생 양상, 주간 건강과 질병, 제10권 제38호

5 이수형(2017), 기후변화에 따라 수요 증가가 예상되는 의약품 및 대응체계 조사 연구, 한국보건사회연구원

6 Felipe J Colón-González et al.(2021), Projecting the risk of mosquito-borne diseases in a warmer and more populated world: a multi-model, multi-scenario intercomparison modelling study, Lancet planet health, Vol. 5.

7 이수형(2017), 기후변화에 따라 수요 증가가 예상되는 의약품 및 대응체계 조사 연구, 한국보건사회연구원

8 질병관리청(2019), 말라리아 연도별 환자 발생 현황

9 채수미 et al.(2014), 기온과 지역 특성이 말라리아 발생에 미치는 영향, 보건사회연구, 34(1), pp.436~455

10 Felipe J Colón-González et al.(2021), Projecting the risk of mosquito-borne diseases in a warmer and more populated world: a multi-model, multi-scenario intercomparison modelling study. Lancet planet health, Vol. 5.

11 노의근(2019), 기후와 문명, 연세대학교 대학출판문화원

12 Michael E Brookfield (2010.11), "The Desertification of the Egyptian Sahara during the Holocene (the Last 10,000 years) and Its Influence on the Rise of Egyptian Civilization", Landscapes and Societies (pp.91~108)

13 농림축산식품 주요통계(2021)

14 이변우 등(2017), 생육묘의 연구를 통한 신기후 시나리오에 따른 주요 식량 작물의 수량성, 재배적지 및 적응기술 평가, 농촌진흥청

15 Jung, W. S. et al(2015), Responses of spikelet fertility to air, spikelet and panicle temperatures and vapor pressure deficit in rice. Journal of crop science and

biotechnology, 18(4), pp.209~218.

16 농림축산식품 주요통계(2021)

17 중국환경상황공보(2014) : 인포비주얼연구소(2021), 친절한 기후 위기 이야기, 북피움

18 중국 수자원 공보(2013) : 중국환경상황공보(2014) : 인포비주얼연구소(2021), 친절한 기후 위기 이야기, 북피움

19 Tigchelaar, Michelle(2018), Future warming increases probability of globally synchronized maize production shocks, Proceedings of the National Academy of Sciences(PNAS), Vol. 115, pp.664~6649 : Inside Climate News(2018.6.11)

20 박용정 et al. (2019), 커피 산업의 5가지 트렌드 변화와 전망, 경제주평 19~25(통권 848호), 현대 경제연구원

21 Grüter R, Trachsel T, Laube P, Jaisli I(2022), Expected global suitability of coffee, cashew and avocado due to climate change. PLoS ONE 17(1): e0261976.

22 농촌진흥청 보도자료(2015.2.26), 기후변화에 민감한 과수, 100년 뒤 재배지 모습은?.

23 농촌진흥청 보도자료(2016.7.26), 기후변화로 주요 '약용작물' 재배지가 변한다.

24 오순자 et al.(2014), 고온 스트레스에 대한 배추의 생장과 광합성 및 엽록소형광 반응. Korean journal of horticultural science & technology v.32 no.3, pp.318~329

25 이승호, 허인혜(2018), 기후가 고랭지 배추 생산에 미치는 영향. 대한지리학회지 제53권 제3호 2018(265~282) : 기상청 기후정보포털 http://www.climate.go.kr/home/CCS/contents_2021/influence/inf_3-3.php

26 이정모, 공생 멸종 진화(2015), 나무나무출판사

27 Ralph Chami et al.(2019), Nature's Solution TO CLIMATE CHANGE-A strategy to protect whales can limit greenhouse gases and global warming. International Monetary Fund(IMF)

28 Ralph Chami et al.(2019), Nature's Solution TO CLIMATE CHANGE-A strategy to protect whales can limit greenhouse gases and global warming. International Monetary Fund(IMF)

29 Jessica Aldred(2020), Priceless poo: the global cooling effect of whales. China Dialogue Ocean.
https://chinadialogueocean.net/en/conservation/13512-priceless-poo-the-global-cooling-effect-of-whales/
Jessica Aldred(2020), The Surprising Role of Whales in Ocean Carbon Capture
https://www.maritime-executive.com/editorials/the-surprising-role-of-whales-in-ocean-carbon-capture

30 Teruyuki Nakajima and Eiichi Tajika(2020), 기후변화 과학, 씨아이알

31 Teruyuki Nakajima and Eiichi Tajika(2020), 기후변화 과학, 씨아이알

32 Shutler, Jamie and Andy Watson(2020), The oceans are absorbing more carbon than previously thought, CarbonBrief.
https://www.carbonbrief.org/guest-post-the-oceans-are-absorbing-more-carbon-than-previously-thought/

Andrew J. Watson et al.(2020), Revised estimates of ocean-atmosphere CO_2 flux are consistent with ocean carbon inventory, Nature Communications volume 11, Article number: 4422

33 James C Orr et al.(2005), Anthropogenic ocean acidification over the twenty-first century and its impact on calcifying organisms, Nature volume 437, pp.681~686

34 Australian Academy of Science, Ocean acidification has the potential to affect important marine life
https://www.science.org.au/curious/earth-environment/increased-co2-ocean-whats-risk

35 Wong, P.P. et al.(2014), Costal systems and low-lying areas, Climate change, 2104, pp.361~409

36 Hoegh-Guldberg et al.(2018), Impacts of 1.5oC of Global Warming on Natural and Human systems, In: Global Wariming of 1.5oC.

37 IPCC WG II Sixth Assessment Report, Food Provision(3~105)

38 https://www.permafrost.org/what-is-permafrost/

39 IPCC, 2019: Summary for Policymakers. In: 퍼센트 Special Report on the Ocean and Cryosphere in a Changing Climate [H.-O. Pörtner, D.C. Roberts, V. Masson-Delmotte, P. Zhai, M. Tignor, E. Poloczanska, K. Mintenbeck, M. Nicolai, A. Okem, J. Petzold, B. Rama, N. Weyer (eds.)]. In press. A.1.3

40 국립기상과학원(2020), 전 지구 기후변화 전망보고서

41 김상식(2017), 메탄하이드레이트의 미래에너지 가능성 및 전망, Kist 융합연구정책센터

42 IPCC, 2014: Climate Change 2014: Synthesis Report. Contribution of Working Groups I, II and III to the Fifth Assessment Report of the Intergovernmental Panel on Climate Change [Core Writing Team, R.K. Pachauri and L.A. Meyer (eds.)], 퍼센트, Geneva, Switzerland, 1.1.2

43 Marcelo Ketzer et al. (2020), Gas hydrate dissociation linked to contemporary ocean warming in the southern hemisphere. Nature Communications volume 11, Article number: 3788

44 박성식(2008), 가스 하이드레이트가 매장된 해저사면의 붕괴에 관한 연구, 한국지구시스템공학회지, Vol.45, No.2 (2008), pp.164~173

45 극지연구소, 대한민국 남극세종과학기지 방문 가이드북

46 Bethan Davies(2013), If all the ice in Antarctica were to melt, how much would global sea level rise? How quickly is this likely to happen?, AntarcticGlaciers.org.

47 https://www.asoc.org/learn/antarctic-ice-and-rising-sea-levels/

48 http://flood.firetree.net/

49 https://www.eea.europa.eu/data-and-maps/indicators/greenland-ice-sheet-4/assessment

50 마크 라이너스(2014), 6도의 멸종, 세종서적, p.105

51 |National Oceanic and Atmospheric Administration. The Global Conveyor Belt
https://oceanservice.noaa.gov/education/tutorial_currents/05conveyor2.htm

노의근(2019), 기후와 문명, 연세대학교 대학출판문화원

52 마크 라이너스(2014), 6도의 멸종, 세종서적

53 Penn State, "Hydrogen Sulfide, Not Carbon Dioxide, May Have Caused Largest Mass Extinction", ScienceDaily, ScienceDaily, 5 November 2003.

54 탄소 중립 컬렉션 멀버리 릴리 제로

55 OurworldinData.org/meat-production from UN Food and Agricultural Organization(FAO)

56 http://cms2018a.globalcarbonatlas.org/en/content/global-carbon-budget

57 Erica Sanchez and Brandon Wiggins(2020.1.18), Heat Equivalent to 3.6 Billion Hiroshima Bomb Explosions Added to the Oceans in Just 25 Years. Global Citizen. https://www.globalcitizen.org/en/content/ocean-warming-climate-change-hiroshima-bomb/

58 사토 겐타로(2015), 탄소문명, 까치

59 Teruyuki Nakajima(2020), 기후변화 과학, 씨아이알

60 Teruyuki Nakajima(2020), 기후변화 과학, 씨아이알

61 Francis A. Macdonald. et al.(2019), Arc-continent collisions in the tropics set Earth's climate state, Science, Vol 364, Issue 6436, pp.181~184. https://www.science.org/doi/10.1126/science.aav5300 https://www.hani.co.kr/arti/science/science_general/886699.html

62 Teruyuki Nakajima(2020), 기후변화 과학, 씨아이알

63 온실가스정보센터(2022), 2021 국가온실가스 인벤토리 보고서, IPCC Second Assessment Report(1995) / IPCC Fourth Assessment Report(2007)

64 Encyclopaedia Britannica, steam engine, Thomas Newcomen, Thomas Savery, James Watt. https://www.britannica.com/technology/steam-engine 주경철(2020), 주경철의 유럽인 이야기 3, ㈜휴머니스트출판그룹

65 Encyclopaedia Britannica, steam engine, Thomas Newcomen, Thomas Savery, James Watt. https://www.britannica.com/technology/steam-engine

66 Encyclopaedia Britannica, Machine gun. https://www.britannica.com/technology/machine-gun 에드워드 로스 디킨슨(2020), 21세기 최고의 세계사 수업, 아름다운 사람들

67 에드워드 로스 디킨슨(2020), 21세기 최고의 세계사 수업, 아름다운 사람들

68 쿠르트 쾨저(2021), 자동차의 역사, 앨피 Encyclopaedia Britannica, Rudolf Diesel. https://www.britannica.com/biography/Rudolf-Diesel

69 쿠르트 쾨저(2021), 자동차의 역사, 앨피 Encyclopaedia Britannica, Model T. https://www.britannica.com/technology/Model-T

70 쿠르트 쾨저(2021), 자동차의 역사, 앨피

71 OurworldinData.org/economic-growth-since-1950, Maddison Project Database(2018)

72 Global Carbon Project http://www.globalcarbonatlas.org/en/CO2-emissions

73 Our World in Data based on the Global Carbon Project
OurWorldInData.org/co2-and-other-greenhouse-gas-emissions
74 OECD data https://data.oecd.org/gdp/gross-domestic-product-gdp.htm
World Bank Data https://data.worldbank.org/indicator/NY.GDP.MKTP.KD.ZG
75 Our World in Data based on the Global Carbon Project
OurWorldInData.org/co2-and-other-greenhouse-gas-emissions
76 환경부(2022), 파리협정 함께 보기
77 환경부(2022), 파리협정 함께 보기
78 관계부처 합동 보도자료(2021.11.13), 제26차 유엔 기후변화협약 당사국 협의체(COP26) 폐막
79 2021년 국가 온실가스 인벤토리(1990~2019) 공표, 환경부 온실가스정보센터
80 2021년 국가 온실가스 인벤토리(1990~2019)
81 환경부 보도자료(2021.12.31), 2019년 온실가스 배출량 전년 대비 3.5퍼센트 감소
2021년 지역별 온실가스 인벤토리(1990~2019)
82 탄소 중립녹색성장위원회 보도자료(2023.3.22), 기후테크 벤처·스타트업 간담회
83 제10차 전력수급기본계획(산업통상자원부, 2023.1)
84 태양광메이커 교과서(보누스), 정해원, 2019
김용환외 6, 탄소 중립(지구와 화해하는 기술), 씨아이알(2021)
이찬복, 에너지 상식사전, MID(2019)
85 Offshore wind market report 2021
86 Energy Storage Outlook 2019, BNEF(2019.7)
87 2022년 1월, 온스당 달러 백금 979 vs 금 1,812 vs 은 23
88 가스신문(2023.8.16), 우리나라 수소산업 어디까지 왔니(수소연료전지 산업이 발전상)
89 한국형 녹색분류체계 가이드라인(2022.12)
90 산업통상자원부 보도자료(2022.7.7), 원자력 포함 EU·Taxonomy
91 한국수력원자력(주), 혁신형 SMR 국회 포럼 발표 자료
92 2050 탄소 중립, 철강이 선도한다, 산업부 보도자료, 21.02.02
93 한국철강협회, 산업연구원, 2019 기준
94 IEA, Iron & Steel Technology Roadmap(2020. 10)
95 온실가스정보센터, 2021년 국가온실가스 배출량
96 한국시멘트협회 자원순환센터, http://recycling.cement.or.kr/contents/sub2_03_1.
asp?sm=2_3_0
97 탄소 중립 달성을 위한 국내 화이트바이오 산업 이슈(2021.9 Issue 125), 최권영, 안정오, 바이오 이
코노미 브리프
98 탄소 중립 시나리오(2021), 탄소중립위원회
99 국토부, 국토교통 탄소 중립 로드맵(2021.12.23)
100 ThoughtCo. https://www.thoughtco.com/history-of-electric-vehicles-1991603
101 EV volumes.com, https://about.bnef.com/electric-vehicle-outlook/

102 현대차그룹 보도자료(2023.4.11), 현대자동차그룹 2030년까지 국내 전기차 분야에 24조 투자

103 처음 읽는 2차전지 이야기 2020, 시라이시 다쿠

104 기후변화에 관한 정부간 협의체(IPCC**) 제6차 평가보고서 제1실무그룹 보고서

105 미래를 대비한 벼 생산 기술 RDA interrobang 80호(2012.9.12), 백소현 외 우리역사넷, http://contents.history.go.kr/front/km/view.do?levelId=km_026_0030_0010_0030

106 IPCC AR4(2007)

107 농림축산식품부, 축산환경 개선 대책(2022.2.6)

108 2020년, 5,194만 톤 가축 분뇨의 90퍼센트인 4,655만 톤이 퇴비나 액비 형태로 처리되었다.

109 한국무역협회 국제무역통상연구원 TRADE FOCUS, '대체 단백질 식품 트렌드와 시사점'(2021.6), 김보경

110 한국무역협회 국제무역통상연구원 TRADE FOCUS, '대체 단백질 식품 트렌드와 시사점'(2021.6), 김보경

111 농림축산식품부, 2050 농식품 탄소 중립 추진 전략(2021.12.27)

112 산림청, 2050 탄소 중립 산림 부문 탄소 중립 추진 전략(2021.12)

113 산림청, 2050 탄소 중립 산림 부문 탄소 중립 추진 전략(2021.12)

114 한국석유공사, https://blog.naver.com/knoc3/222581819428

115 산업통상자원부, 보도 설명자료 'CCS 기술은 1996년 상용화에 성공한 이후 전 세계 19개(50만 톤 이상) 대규모 CCS 프로젝트가 상용규모로 운영 중'(2021.11.3)
미국 국립에너지기술연구소(NETL,national Energy Technology Laboratory, 2018)

116 관계부처 합동, 이산화탄소 포집·활용CCU 기술혁신 로드맵(안) (2021.6.15)

117 BCC Research(2021)

118 환경부 보도자료(21.10.25), '지구촌 기후 위기 대응을 위한 메탄감축노력에 동참'

119 기업공시제도 종합 개선 방안(2021.1)

120 Greenhous Gas Protocol(http://ghgprotocol.org), 세계자원연구소(WR, World Resources Institute)와 세계 200여 이상 기업 CEO들로 구성된 세계지속가능발전협의회(WBCSD, World Business Council for Sustainable Development) 간에 파트너십에 의해 1998년도에 설립된 조직

121 https://www.weforum.org/agenda/2022/09/scope-climate-greenhouse-business

122 지표누리 https://www.index.go.kr/unity/potal/main/EachDtlPageDetail.do?idx_cd=1079
한국거래소 기준 상장회사수, 시가총액

123 중소기업중앙회, 중소기업 ESG 애로 조사 결과(2021.9.30): 중소기업 89퍼센트가 ESG 준비되어 있지 않다
중소기업중앙회, ESG 경영 준비 및 대응 현황 조사결과(2022.4.20): 공공조달참여 중소기업 70.7퍼센트, ESG 모른다
중소기업중앙회, 대기업의 협력사 ESG 관리 현황(2023.1.10): 30대 대기업 87퍼센트, 협력사 ESG 평가한다

124 국무조정실 2050 탄소 중립녹색성장위원회 보도자료(2023.3.22)

125 국무조정실 2050 탄소 중립녹색성장위원회 보도자료(2023.6.22)

126 이정모, 공생 멸종 진화(2015), 나무나무출판사, 피터 브래넌, 대멸종 연대기(2019), 흐름출판

127 Joongag.co.kr/article/18878656, 표리부동 디메트로돈... 외모는 공룡, 속 보면 포유류 조상

128 피터 브래넌, 대멸종 연대기(2019), 흐름출판

129 피터 브래넌, 대멸종 연대기(2019), 흐름출판, 이정모, 공생 멸종 진화(2015)
     Allen, M.B.; et al. (January 2009), "The Timing and Extent of the Eruption of the Siberian
     Traps Large Igneous Province: Implications for the End-Permian Environmental Crisis",
     Earth and Planetary Science Letters, Vol.277 (1-2): page, pp.9~20.

130 피터 브래넌, 대멸종 연대기(2019), 흐름출판
     Svensen, Henrik, Alexander G. Polozov, and Sverre Planke. "Sill-induced evaportite-
     and coal-metamorphsim in the Tunguska Basin, Siberia, and the implications for
     end-Permian environmental crisis", European Geosciences Union General Assembly
     Conference Abstracts 16(2014).

131 이정모, 공생 멸종 진화(2015), 나무나무출판사

132 Seth D. Burgess, Samuel Bowring, and Shu-zhong Shen(2014.2.14), "High-precision
     timeline for Earth's most severe extinction", 111(9) 3316~3321

133 Yuyang Wu et al.(2021.4.9), "Six-fold increase of atmospheric pCO2 during the Permian-
     Triassic mass extinction". Nature Communications volume 12, Article number: 2137

134 Jonathan L. Payne and Matthew E. Clapham(2012), "End-Permian Mass Extinction in the
     Oceans: An Ancient Analog for the Twenty-First Century?"Annu. Rev. Earth Planet. Sci.
     2012, 40.89~111

135 피터 브래넌, 대멸종 연대기(2019), 흐름출판

136 Hautmann, Michael (August 2012), Extinction: End-Triassic MassExtinction. In. eLS. John
     Wiley & Sons, Ltd: Chichester.DOI: 10.1002/9780470015902.a0001655.pub3

137 Margret Steinthorsdottir, Andrew J. Jeramb and Jennifer C. McElwain 2011.8.1),
     "Extremely elevated CO_2 concentrations at the Triassic/Jurassic boundary"
     Palaeogeography, Palaeoclimatology, Palaeoecology, Volume 308, Issues 3-4,
     pp.418~432

138 Jessica H. Whiteside et al. "Insights into the mechanisms of end-triassic mass
     extinction and environmental change: An integrated paleontologic, biomarker and
     isotopic approach", Geological Society of America annual meeting, Vancouver, British
     Columbia(2014)

139 Sev Kender et al.(2021.8.31), "Paleocene/Eocene carbon feedbacks triggered by volcanic
     activity". Nature Communications volume 12, Article number: 5186 (2021)

140 Laura L. Haynes and Bärbel Hönisch,(2020.9.14), "The seawater carbon inventory at the
     Paleocene-Eocene Thermal Maximum". PNAS, 117 (39) 24088~24095
     https://www.pnas.org/doi/full/10.1073/pnas.2003197117
     https://www.yna.co.kr/view/AKR20200915147500009

141 피터 브래넌, 대멸종 연대기(2019), 흐름출판

142 사마키 다케오(2016), 재밌어서 밤새 읽는 인류 진화 이야기, 더숲

143 Brian M. Fagan, John F. Hoffecker, Mark Maslin and Hannah O'Regan(2011), 완벽한 빙하시대, 푸른길

144 사마키 다케오(2016), 재밌어서 밤새읽는 인류 진화 이야기, 더숲

145 노의근(2019), 기후와 문명, 연세대학교 대학출판문화원: Brian M. Fagan, John F. Hoffecker, Mark Maslin and Hannah O'Regan(2011), 완벽한 빙하시대, 푸른길

146 우운진, 정충원, 조혜란(2018), 우리는 모두 2퍼센트 네안데르탈인이다, 뿌리와 이파리

147 우운진, 정충원, 조혜란(2018), 우리는 모두 2퍼센트 네안데르탈인이다, 뿌리와 이파리

148 우운진, 정충원, 조혜란(2018), 우리는 모두 2퍼센트 네안데르탈인이다, 뿌리와 이파리

149 노의근(2019), 기후와 문명, 연세대학교 대학출판문화원: Brian M. Fagan, John F. Hoffecker, Mark Maslin and Hannah O'Regan (2011), 완벽한 빙하시대, 푸른길

150 브라이언 페이건(2021), 기후, 문명의 지도를 바꾸다, 씨마스21

151 브라이언 페이건(2021), 기후, 문명의 지도를 바꾸다, 씨마스21

152 Brian M. Fagan, John F. Hoffecker, Mark Maslin and Hannah O'Regan(2011), 완벽한 빙하시대, 푸른길

153 노의근(2019), 기후와 문명, 연세대학교 대학출판문화원 : 브라이언 페이건(2021), 기후, 문명의 지도를 바꾸다, 씨마스21

154 브라이언 페이건(2021), 기후, 문명의 지도를 바꾸다, 씨마스21

155 브라이언 페이건(2017), 바다의 습격, 미지북스

156 브라이언 페이건(2017), 바다의 습격, 미지북스

157 브라이언 페이건(2021), 기후, 문명의 지도를 바꾸다, 씨마스21

158 브라이언 페이건(2017), 바다의 습격, 미지북스

159 Bjorn Carey(2006.7.20), "Sahara Desert Was Once Lush and Populated", livesicence.
https://www.livescience.com/4180-sahara-desert-lush-populated.html
Michael E Brookfield(2010.11), "The Desertification of the Egyptian Sahara during the Holocene (the Last 10,000 years) and Its Influence on the Rise of Egyptian Civilization", Landscapes and Societies (pp.91~108)
https://www.researchgate.net/publication/278664920_The_Desertification_of_the_Egyptian_Sahara_during_the_Holocene_the_Last_10000_years_and_Its_Influence_on_the_Rise_of_Egyptian_Civilization

160 노의근(2019), 기후와 문명, 연세대학교 대학출판문화원

161 브라이언 페이건(2021), 기후, 문명의 지도를 바꾸다, 씨마스21

162 주원준(2022), 인류 최초의 문명과 이스라엘, 서울대학교출판문화원

163 주경철(2022), 바다 인류, ㈜휴머니스트출판그룹

164 노의근(2019), 기후와 문명, 연세대학교 대학출판문화원

165 주원준(2022), 인류 최초의 문명과 이스라엘, 서울대학교출판문화원

166   하랄트 하르만(2021), 문명은 왜 사라지는가, 돌베개

167   브라이언 페이건(2021), 기후, 문명의 지도를 바꾸다, 씨마스21 :

H. Weiss, M.-A. et al.(1993), "The Genesis and Collapse of Third Millennium North Mesopotamian Civilization", Science 261(5124):995~1004:

Cullen H. M., et al.(2000), "Climate change and the collapse of the Akkadian empire: Evidence from the deep sea", Geology(2000) Volume 28 (4): pp.379~382

168   노의근(2019), 기후와 문명, 연세대학교 대학출판문화원

169   주원준(2022), 인류 최초의 문명과 이스라엘, 서울대학교출판문화원

170   브라이언 페이건(2021), 기후, 문명의 지도를 바꾸다, 씨마스21

171   빌 브라이슨(2011), 거의 모든 사생활의 역사, 까치

172   하랄트 하르만(2021), 문명은 왜 사라지는가, 돌베개

173   하랄트 하르만(2021), 문명은 왜 사라지는가, 돌베개

주경철(2022), 바다 인류, ㈜휴머니스트출판그룹

Bagg, Ariel M.(2017), "Watercraft at the beginning of history : the case of third-millennium Southern Mesopotamis" in Buchet, Christan, Arnaud, Pascal & Philip de Souza eds., Vol.1

Frenez, Dennys(2018), "The Indus Civilization Trade with the Oman Empire" in Cleuziou, Serge & Tosi, Maurizio, In the Shadow of the Ancestors: The Prehistoric Foundations of the Early Arabian Civilization in Oman (Muscat : Ministry of Heritage and Culture Sultanate of Oman)

174   하랄트 하르만(2021), 문명은 왜 사라지는가, 돌베개

175   "Ancient Indus Valley Civilization & Climate Changes Impact", Woods Hole Oceanographic Institution, 2018.

https://www.whoi.edu/press-room/news-release/climate-change-likely-caused-migration-demise-of-ancient-indus-valley-civilization/

176   주경철(2022), 바다 인류, ㈜휴머니스트출판그룹

177   노의근(2019), 기후와 문명, 연세대학교 대학출판문화원

178   Encyclopaedia Britannica, Sea people. https://www.britannica.com/topic/Sea-People

179   Carole E. Crumley and William H. Marquandt(1987), 'Regional Dynamics : Burgundian Landscapes in Historical Perspective', San Diego: Academic Press. pp.237~264(Celtic settlement before the Conquest: The Dialectics of Landscape and Power)

180   이주영(2007.12), 과학과 기술 포커스

https://koreascience.kr/article/JAKO200759349574092.pdf

181   노의근(2019), 기후와 문명, 연세대학교 대학출판문화원

182   노의근(2019), 기후와 문명, 연세대학교 대학출판문화원

하랄트 하르만(2021), 문명은 왜 사라지는가, 돌베개

183   Fredrik Charpentier Ljungqvist(2009.10.1) "A new reconstruction of temperature variability in the extra-tropical northern hemisphere during the last two millennia".

Geografiska Annaler: Series A, Physical Geography Volume 92, 2010-Issue 3.
pp.339~351

184 브라이언 페이건(2021), 기후, 문명의 지도를 바꾸다, 씨마스21

185 노의근(2019), 기후와 문명, 연세대학교 대학출판문화원

186 Encyclopaedia Britannica, Black Death.
https://www.britannica.com/event/Black-Death/Cause-and-outbreak

187 주경철(2017), 주경철의 유럽인 이야기: 근대의 빛과 그림자, ㈜휴머니스트출판그룹

188 주경철(2017), 주경철의 유럽인 이야기: 근대의 빛과 그림자, ㈜휴머니스트출판그룹

189 앨리스 로버츠(2019), 세상을 바꾼 길들임의 역사, 푸른숲

190 앨리스 로버츠(2019), 세상을 바꾼 길들임의 역사, 푸른숲

191 노의근(2019), 기후와 문명, 연세대학교 대학출판문화원

192 앨리스 로버츠(2019), 세상을 바꾼 길들임의 역사, 푸른숲

193 Mokyr, J.,&Ó Gráda, C.(2002), What do people die of during famines: The Great Irish
Famine in comparative perspective. European Review of Economic History, p.6,
pp.339~363.

194 Clio-infra(2016) and Northern Ireland Statistics and Research Agency census(1991, 2001)
: Worldbak

195 이준호&이상임(2017), "조선시대 기상이변에 따른 재해 발생과 공옥(空獄) 사상의 교정적 의미 고찰-
소빙기 '경신 대기근'을 사례" 아시아교정포럼 학술지, 교정담론 제11권 3호 pp.269~296, 9.201
이준호(2019), "조선시대 기후변동이 전염병 발생에 미친 영향-건습의 변동을 중심으로" 한국지
역지리학회지 제25권 제4호(2019), pp.425~436
이준호(2016), "1623~1800년 서울지역의 기상기후 환경-'승정원일기'를 토대로-" 한국지역지
리학회지 제22권 제4호(2016), pp.856~874

196 이준호(2019), "조선시대 기후변동이 전염병 발생에 미친 영향-건습의 변동을 중심으로" 한국지
역지리학회지 제25권 제4호(2019), pp.425~436

197 이준호&이상임(2017), "조선시대 기상이변에 따른 재해 발생과 공옥(空獄) 사상의 교정적 의
미 고찰-소빙하기 '경신 대기근'을 사례" 아시아교정포럼 학술지, 교정담론 제11권 3호 :
pp.269~296, p.201

198 Quansheng GE, Haolong LIU1, Xiang MA1, Jingyun ZHENG and Zhixin HAO(2017.8),
"Characteristics of Temperature Change in China over the Last 2000 years and
Spatial Patterns of Dryness/Wetness during Cold and Warm Periods", ADVANCES IN
ATMOSPHERIC SCIENCES, VOL.34, 941~951

199 Quansheng GE, Haolong LIU1, Xiang MA1, Jingyun ZHENG and Zhixin HAO(2017.8),
"Characteristics of Temperature Change in China over the Last 2000 years and
Spatial Patterns of Dryness/Wetness during Cold and Warm Periods", ADVANCES IN
ATMOSPHERIC SCIENCES, VOL.34, 941~951

넷제로 카운트다운

초판 1쇄 발행 2023년 10월 20일

지은이 이진원, 오현진

기획편집 도은주, 류정화
마케팅 박관홍
외주편집 박미정

펴낸이 윤주용
펴낸곳 초록비책공방

출판등록 제2013-000130
주소 서울시 마포구 월드컵북로 402 KGIT 센터 921A호
전화 0505-566-5522 팩스 02-6008-1777

메일 greenrainbooks@naver.com
인스타 @greenrainbooks @greenrain_1318
블로그 http://blog.naver.com/greenrainbooks
페이스북 http://www.facebook.com/greenrainbook

ISBN 979-11-93296-05-9 (03450)

어려운 것은 쉽게 쉬운 것은 깊게 깊은 것은 유쾌하게

초록비책공방은 여러분의 소중한 의견을 기다리고 있습니다.
원고 투고, 오탈자 제보, 제휴 제안은 greenrainbooks@naver.com으로 보내주세요.